助力乡村振兴
出版计划

【现代种植业实用技术系列】

玉米
优质高效
栽培技术

主　　编　余庆来
副 主 编　唐小见　雷艳丽
编写人员　王　俊　左晓龙　李廷春　张　林
　　　　　余庆来　王世济　阮　龙　徐丽娜
　　　　　武文明　任四海　钱益亮

U0395822

时代出版传媒股份有限公司
安徽科学技术出版社

图书在版编目（CIP）数据

玉米优质高效栽培技术 / 余庆来主编. --合肥:安徽
科学技术出版社,2022.12
助力乡村振兴出版计划.现代种植业实用技术系列
ISBN 978-7-5337-6935-2

Ⅰ.①玉… Ⅱ.①余… Ⅲ.①玉米-高产栽培-栽培
技术 Ⅳ.①S513

中国版本图书馆 CIP 数据核字（2022）第 215427 号

玉米优质高效栽培技术　　　　　　　　　　　　　　　　主编　余庆来

出 版 人：丁凌云　　　　　　　选题策划：丁凌云　蒋贤骏　王筱文
责任编辑：周璟瑜　高清艳　　　责任校对：张 枫
责任印制：廖小青　　　　　　　装帧设计：王 艳
出版发行：安徽科学技术出版社　　　http://www.ahstp.net
　　　　　（合肥市政务文化新区翡翠路 1118 号出版传媒广场,邮编:230071)
　　　　　电话：(0551)63533330
印　　制：安徽联众印刷有限公司　　电话:(0551)65661327
（如发现印装质量问题,影响阅读,请与印刷厂商联系调换）

开本：720×1010　1/16　　　印张：10.5　　　字数：135 千
版次：2022 年 12 月第 1 版　　印次：2022 年 12 月第 1 次印刷

ISBN 978-7-5337-6935-2　　　　　　　　　　定价：43.00 元

"助力乡村振兴出版计划"编委会

主 任
查结联

副主任
陈爱军　罗　平　卢仕仁　许光友
徐义流　夏　涛　马占文　吴文胜
董　磊

委 员
胡忠明　李泽福　马传喜　李　红
操海群　莫国富　郭志学　李升和
郑　可　张克文　朱寒冬　王圣东
刘　凯

【现代种植业实用技术系列】

（本系列主要由安徽省农业科学院组织编写）

总主编: 徐义流

副总主编: 李泽福　杨前进

出版说明

　　"助力乡村振兴出版计划"（以下简称"本计划"）以习近平新时代中国特色社会主义思想为指导，是在全国脱贫攻坚目标任务完成并向全面推进乡村振兴转进的重要历史时刻，由中共安徽省委宣传部主持实施的一项重点出版项目。

　　本计划以服务乡村振兴事业为出版定位，围绕乡村产业振兴、人才振兴、文化振兴、生态振兴和组织振兴展开，由《现代种植业实用技术》《现代养殖业实用技术》《新型农民职业技能提升》《现代农业科技与管理》《现代乡村社会治理》五个子系列组成，主要内容涵盖特色养殖业和疾病防控技术、特色种植业及病虫害绿色防控技术、集体经济发展、休闲农业和乡村旅游融合发展、新型农业经营主体培育、农村环境生态化治理、农村基层党建等。选题组织力求满足乡村振兴实务需求，编写内容努力做到通俗易懂。

　　本计划的呈现形式是以图书为主的融媒体出版物。图书的主要读者对象是新型农民、县乡村基层干部、"三农"工作者。为扩大传播面、提高传播效率，与图书出版同步，配套制作了部分精品音视频，在每册图书封底放置二维码，供扫码使用，以适应广大农民朋友的移动阅读需求。

　　本计划的编写和出版，代表了当前农业科研成果转化和普及的新进展，凝聚了乡村社会治理研究者和实务者的集体智慧，在此谨向有关单位和个人致以衷心的感谢！

　　虽然我们始终秉持高水平策划、高质量编写的精品出版理念，但因水平所限仍会有诸多不足和错漏之处，敬请广大读者提出宝贵意见和建议，以便修订再版时改正。

本册编写说明

　　玉米是安徽省第三大粮食作物,主要种植品种类型包括普通玉米、粮饲兼用玉米、青贮玉米和鲜食甜糯玉米。近年来,安徽省玉米种植面积在1800万亩左右,在安徽省粮食生产中具有十分重要的作用。作为农业科技工作者,我们经常到省内玉米生产大县、种植合作社、经营大户等处,开展玉米生产技术培训与技术指导。我们了解到,在实际玉米种植生产中,他们特别需要从技术角度做好优化控制,保证玉米生产的优质与高效。为此,我们从科普性和实用性的角度出发编写了本书,希望能够为广大基层农业推广工作者、农业生产人员、农业新型经营主体等提供指导和帮助。此外,本书也可以作为农技人员和新型农民的学习培训教材。

　　本书分为玉米概述、玉米丰产栽培技术、玉米高效栽培模式、玉米常见病虫草害绿色防控、玉米防灾减灾技术措施和安徽省玉米主推品种六章。本着"授人以渔"的宗旨,本书从农业生产实际、农民实际需要出发,以通俗、简洁的语言,系统地介绍了当前安徽省推广的玉米良种和优质高产栽培技术、高效栽培模式以及常见病虫草害绿色防控等一系列基本理论,所介绍的知识科普性和实用性都很强,真正做到让农民能看懂、能学会、用得上、易操作。

　　由于编写水平有限,书中难免存在一些不足之处,在此我们真诚地欢迎读者们批评指正!

目 录

第一章　玉米概述

玉米又名玉蜀黍,俗称苞谷、棒子、珍珠米等。禾本科玉米属一年生草本植物,株形高大,叶片宽长,雌雄花同株异位,雄花序长在植株的顶部,雌花序(穗)着生在中上部叶腋间,为异花(株)授粉。玉米是我国乃至全世界的主要粮食作物之一,也是良好的牲畜饲料和工业原料。我国玉米播种面积仅次于水稻和小麦,居第三位。

玉米原产于拉丁美洲的墨西哥和秘鲁一带。距今约7000年前,美洲的印第安人开始种植玉米。16世纪初,葡萄牙人从海路把玉米传入印度和中国。同时,玉米通过另一条路线,从欧洲经陆路传入土耳其、阿拉伯、伊朗和印度,然后传入中国。此外,还有第三条路线,那就是经丝绸之路从西北地区传入中国,旧称玉米为番黍便是证明。

▶ 第一节　玉米的功能与用途

玉米的籽粒分为果皮、胚乳和胚三个部分。胚乳约占籽粒重量的85%,其内含物主要是淀粉和蛋白质,种子萌发以后向幼胚提供营养物质。胚乳的最外层是糊粉层,根据糊粉层和胚乳内色素的有无,籽粒表现为黄色、白色、红色、紫色、蓝色等。

玉米营养丰富,籽粒中含淀粉72%、蛋白质9.8%、脂肪4.5%,还含有大量的矿物质元素和多种维生素等。研究测定,每100克玉米含热量196

千卡(1千卡约4186焦)、粗纤维1.2克、蛋白质3.8克、脂肪2.3克、碳水化合物40.2克,含维生素(硫胺素、核黄素)较多。玉米籽粒主要供食用和饲用,可烧煮、磨粉或制成膨化食品,在工业上还可以用于制造酒精、啤酒、乙醛、醋酸、丙酮、丁醇等。玉米淀粉制成的糖浆无色透明,果糖含量高,可用于制作糖果、糕点、面包、果酱及饮料。穗轴可用于制造糠醛,茎秆可用于造纸和制作隔音板,果穗苞叶可用于编制手工艺品。

玉米不仅是重要的粮食作物,还有"饲料之王"之称。蜡熟期收获的茎叶、果穗是牲畜,特别是奶牛的良好青贮饲料,饲用时的营养价值和消化率均高于大麦、燕麦和高粱。每100千克玉米籽粒含有270饲料单位,其营养价值相当于120千克高粱、130千克大麦。玉米的茎、叶和穗轴含有丰富的粗蛋白和可消化蛋白,如玉米在乳熟期前后收获,切碎做成青贮饲料,所含的营养素十分丰富,是优质的饲料。

在工业上,玉米籽粒是制造淀粉、葡萄糖的主要原料,也可用于制造酒精、醋酸、丙酮等化工产品。玉米胚含脂肪30%~40%,可榨油。玉米油可用于制作肥皂、油漆涂料等。甜玉米可制成罐头食品。在医药上,玉米淀粉是金霉素、链霉素和青霉素等抗生素的原料,玉米的花丝可治疗高血压、尿路结石、肝脏疾病等。

我国是成功利用玉米杂交种的国家之一,除边远地区外,都已采用了杂交种。随着高产、抗逆的优良玉米杂交种不断选育成功与推广,水利设施不断完善,化肥、农药施用水平不断提高,以及养殖业、加工业需求大力拉动,我国玉米种植面积迅速扩大,产量急剧增长。1950年,我国玉米种植面积、总产量和单产分别是1258万公顷、1685万吨和1335千克/公顷,到1992年分别为2109万公顷、9743万吨和4622千克/公顷。玉米的发展速度高于小麦、水稻等其他作物。

▶ 第二节　玉米的类型和分类

根据籽粒和胚乳的性质,玉米分为七种类型,包括适合作饲料用的马齿型玉米、适宜食用的硬粒型玉米、适合鲜食的甜玉米和糯玉米、适合淀粉加工业用的粉质玉米,还有爆裂玉米和有稃玉米。此外,还有两个植株形态变种,一种是条斑玉米,一种是矮生玉米,仅作为观赏品种。根据玉米籽粒的形态、胚乳的结构以及颖壳的有无,玉米可分为硬粒型、马齿型、半马齿型、粉质型、甜质型等。根据玉米的粒色和粒质,玉米还可以分为黄玉米、白玉米、糯玉米和花玉米。

1.按籽粒的形态和结构分类

(1)硬粒型,也叫硬粒种。果穗多为圆锥形,籽粒为方圆形,顶部及四周的胚乳为角质淀粉,中部为粉质淀粉。籽粒较坚硬,多为黄色,也有红色、白色、紫色等颜色。其适应性较强,产量较稳定,品质较好,但出籽率较低。

(2)马齿型,也叫马牙种。果穗为圆柱形,籽粒扁而长,多为黄色。粒中央及顶部为粉质淀粉,两侧为角质淀粉。由于粉质淀粉比角质淀粉干缩得快,所以顶部有明显的凹陷,形似马齿状。其植株较高大,较耐肥,产量较高,但品质不如硬粒型。

(3)半马齿型,也叫半马齿种,为马齿型与硬粒型的杂交种。籽粒较厚,边缘较圆,籽粒顶部的粉质淀粉较马齿型少,下陷深度较浅,一般不明显。其产量较高,品质较好。

2.按生育期分类

根据玉米生育期的长短,可分为早熟、中熟和晚熟三类。

(1)早熟种。生育期为70~100天,有12~16片叶,需积温2000~2200℃。

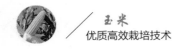

（2）中熟种。生育期为 100~120 天,有 17~20 片叶,需积温 2300~2500℃。

（3）晚熟种。生育期在 120 天以上,有 21 片叶以上,需积温 2600~2800℃。

3.按营养价值和经济用途分类

丰富的籽粒特征决定了玉米具有广泛的食用价值和特殊的加工用途,由此形成了一系列以玉米为原料的食品工业和加工工业。因此,还可以根据玉米的营养价值和经济用途,把玉米分为若干种类型。

（1）优质蛋白玉米,是由普通玉米经过遗传改良而成的。这种玉米籽粒中的赖氨酸和色氨酸含量提高了 70%以上,蛋白质中的氨基酸成分更合理,具有很高的饲料营养价值。用优质蛋白玉米喂猪,在同等情况下可以提高猪的日增重 30%以上,节省饲料,提高经济效益。

（2）高油玉米,其籽粒含油量比普通玉米提高 50%以上。玉米油中含有较多的不饱和脂肪酸,其中亚油酸含量约占 62%,在人体内与胆固醇结合,呈流动性和正常代谢,防止胆固醇与饱和脂肪酸结合而沉淀,起到防治动脉硬化等心血管疾病的作用。所以,在国际市场上玉米油属于高档食用油。

（3）爆裂玉米,是印第安人按照玉米的爆花特性选育而成的,在起源上是最早进行栽培的玉米类型之一。我们经常看到街头小贩用笨重的高压罐加热,把普通玉米爆成玉米花。而爆裂玉米籽粒在常压下加热、烘烤就能爆成玉米花,膨爆系数为 25~45 倍,因此,一般家庭中用铁锅、铝锅、微波炉均可爆出香甜可口的玉米花。爆裂玉米的籽粒中角质胚乳结构特别致密,籽粒中含有一定量的水分,当加热到 170~185℃时,籽粒内的水分汽化,形成足够大的压力,突破角质胚乳的极限承受力,便爆成玉米花。这就好比每一颗籽粒都是一枚小小的高压罐。

（4）甜玉米,因其籽粒在乳熟期含糖量高而得名。不同类型的甜玉米含糖量在 10%~25%,糖分比普通籽粒高 2~3 倍。它的用途和食用方法类似蔬菜,可蒸煮后直接食用,西方人喜欢抹上黄油后食用,味道特别鲜美。甜玉米还可以被加工成速冻食品、罐头。广东人则喜欢用甜玉米粒熬汤。甜玉米具有很高的营养价值和经济价值。

(5)糯玉米。在我国西南地区和东南亚生产稻谷的国家,人们历来有食用糯米的习俗,所以当地人很容易在玉米中发现糯玉米变种并进行栽培。普通玉米淀粉由大约78%的支链淀粉和22%的直链淀粉组成。而糯玉米胚乳中的淀粉全部是支链淀粉,籽粒不透明、无光泽,用小刀切开的剖面呈蜡质状,所以又称为蜡质玉米。糯玉米煮熟后很软,有黏性,口感细腻,有时略带甜味,营养丰富,而且其中的支链淀粉更容易被消化吸收,特别适合老年人和儿童食用,比甜玉米更适合中国人和其他亚洲人的饮食口味。

(6)笋玉米,也叫玉米笋。果穗上有排列整齐的一串串珍珠状的小花,晶莹美观。笋玉米营养价值高,风味独特,色、香、味俱佳,是一种很高档的蔬菜品种。笋玉米是在刚开花时采摘,因此需要专用品种才会有较高的经济效益。科学家已经培育出多穗型玉米笋品种,可以分批采收幼嫩果穗。还有一类甜笋兼用型品种,在中部叶腋生有多个幼穗,只保留最上面一穗发育成甜玉米,下面的若干个幼穗在开花期采收,用作笋玉米,可谓一举两得。

(7)青贮饲料玉米,也被称为"饲料之王"。按营养成分计算,每100千克玉米籽粒的营养价值相当于120千克高粱、130千克大麦或150千克稻谷。玉米茎叶富含维生素,是多汁的青饲料。发展肉牛或乳牛养殖业离不开青贮饲料。青贮用的玉米品种一般植株高大,叶片繁茂,播种时种得很密。玉米植株开花后50天左右,处于乳熟期,这时用机械收割并粉碎然后青贮,不但产草量高,而且营养价值也最丰富。青贮饲料玉米经过贮藏发酵后,使粗老的茎秆软化,富含蛋白质和多种维生素,容易消化,营

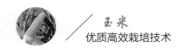

养价值很高。经过微生物发酵作用,其中的碳水化合物转化成乳酸、醋酸和醇类,具有酒的芳香气味,柔软多汁,适口性好,容易被动物消化吸收。用青贮饲料玉米喂养的肉牛肉质鲜嫩,肉的质量等级明显提高。奶牛吃了青贮饲料玉米还会增加泌乳量。因此,生产青贮饲料玉米有利于发展现代畜牧业。

▶ 第三节　玉米的一生

玉米的一生是指从播种到种子成熟、收获的过程,经历苗期、拔节期、大喇叭口期、抽雄吐丝期、灌浆期直至成熟期。这是一个包括生长、分化、发育在内的完整的过程。根据玉米生育进程中植株的外在形态变化,玉米的生育期可分为出苗期、拔节期、扬花期、抽穗期、蜡熟期等。玉米生育期的长短与品种、温度、光照、肥水等因素有关,总叶数少的早熟品种生育期短,总叶数多的晚熟品种生育期长;同一品种生长期间日照较长、温度较低或肥水充足,生育期长;反之,则较短。

一　玉米的生育期与生育时期

1.生育期

玉米从播种至成熟的天数称为生育期。生育期长短与品种、播种期和温度等有关。一般早熟品种和在播种晚、温度高的情况下,玉米的生育期短,反之则长。

（1）早熟品种。春播 70~100 天,夏播 70~85 天。

（2）中熟品种。春播 100~120 天,夏播 85~95 天。

（3）晚熟品种。春播 120~150 天,夏播 95 天以上。

2.生育时期

在玉米的一生中，由于自身量变和质变的结果及环境变化的影响，其外部形态特征和内部生理特性均发生不同的阶段性变化。这些阶段性变化称为玉米的生育时期。各个生育时期的名称及鉴别标准如下：

（1）出苗期。幼苗出土高约 2 厘米。

（2）三叶期。植株第三片叶露出叶心约 3 厘米。

（3）拔节期。植株雄穗伸长，茎节总长度 2~3 厘米，叶龄指数 30 左右。

（4）小喇叭口期。雌穗进入伸长期，雄穗进入小花分化期，叶龄指数 46 左右。

（5）大喇叭口期。雌穗进入小花分化期，雄穗进入四分体期，叶龄指数 60 左右，雄穗主轴中上部小穗长度 0.8 厘米左右，棒三叶甩开呈喇叭口状。

（6）抽雄期。植株雄穗尖端露出顶叶 3~5 厘米。

（7）开花期。植株雄穗开始散粉。

（8）抽丝期。植株雌穗的花丝从苞叶中伸出 2 厘米左右。

（9）籽粒形成期。植株果穗中部籽粒体积基本建成，胚乳呈清浆状，亦称灌浆期。这一时期可适当施加氮肥，如尿素，可增加产量。但切记，在抽丝期之前不可偏施氮肥，以免花期不遇，造成绝收现象。

（10）乳熟期。植株果穗中部籽粒干重迅速增加并基本建成，胚乳呈乳状后至糊状。

（11）蜡熟期。植株果穗中部籽粒干重接近最大值，胚乳呈蜡状，用指甲可以划破。这一时期对上品超甜玉米来讲，是产量最高、品质最好的时期，一般能维持 2~3 天。

（12）完熟期。植株籽粒干硬，籽粒基部出现黑色层，乳线消失，并呈现出品种固有的颜色和光泽。一般大田或试验田，以全田 50%以上植株进入

该生育时期为标志。许多农民误以为在这个时期采收产量最高,可实际上,在这个时期采收会导致产量下降,并出现皮厚渣多、品质差等现象。

二 玉米的生育阶段

在玉米的一生中,按其形态特征、生育特点和生理特性,可分为三个不同的生育阶段——苗期阶段、穗期阶段和花粒期阶段。每个阶段又包括不同的生育时期。这些不同的阶段与时期既有各自的特点,又有密切的联系。

1.苗期阶段（生育前期）

玉米苗期是指播种至拔节期的一段时间,是以生根、分化茎叶为主的营养生长阶段。本阶段的生育特点是根系发育较快,但地上部茎、叶量的增长比较缓慢。因此,在这一阶段,田间管理的中心任务就是促进根系发育、培育壮苗,达到苗早、苗足、苗齐、苗壮的"四苗"要求,为玉米丰产打好基础。该阶段又分以下两个时期。

（1）播种至三叶期。一粒有生命的种子埋入土中,当外界的温度在8℃以上、水分含量在60%左右、通气条件较适宜时,经过48个小时萌发,一般从播种后6天即可出苗。等到三叶期时,种子贮藏的营养耗尽,称为离乳期,这是玉米苗期的第一阶段。这个阶段土壤水分是影响出苗的主要因素,所以浇足底墒水对玉米产量起决定性作用。另外,种子的播种深度直接影响出苗的快慢,出苗早的幼苗一般比出苗晚的要健壮。据试验,播深每增加2.5厘米,出苗期平均延迟1天,因此幼苗就弱。

（2）三叶期至拔节期。三叶期是玉米一生中的第一个转折点,玉米从自养生活转向异养生活。从三叶期到拔节期,由于植株根系和叶片不发达,吸收和制造的营养物质有限,幼苗生长缓慢,主要是进行根、叶的生长和茎节的分化。玉米苗期怕涝不怕旱,涝害轻则影响生长,重则造成死

苗,轻度的干旱有利于根系的发育和下扎。

2.穗期阶段(生育中期)

玉米从拔节至抽雄的一段时间称为穗期。拔节是玉米一生中的第二个转折点，这个阶段的生长发育特点是营养生长和生殖生长同时进行，就是叶片、茎节等营养器官旺盛生长和雌雄穗等生殖器官强烈分化与形成。这一时期是玉米一生中生长发育最旺盛的阶段，也是田间管理最关键的时期。因此,这一阶段田间管理的中心任务就是促进中上部叶片增大,茎秆敦实的丰产长相,以达到穗多、穗大的目的。

3.花粒期阶段(生育后期)

玉米从抽雄至成熟这一段时间称为花粒期。玉米抽雄、散粉时,所有叶片均已展开,植株已经定长。这个阶段的生育特点是营养体增长基本停止,进入以生殖生长为中心的阶段,出现了玉米一生中的第三个转折点。因此,这一阶段田间管理的中心任务就是保护叶片不损伤、不早衰,争取粒多、粒重,达到丰产。

三 玉米器官及生理功能

玉米的器官由营养器官和生殖器官构成。根、茎、叶为营养器官,花穗和籽粒为生殖器官。玉米从种子萌发开始,不断生长分化出这些器官。这些器官的形态特征、生理特性及生理功能各不相同,器官之间相互作用。器官功能的发挥与相互作用决定了植株的生长状况。

1.根

(1)根的形态与种类。同其他禾谷类作物一样,玉米的根系是须根系,由胚根和节根组成。

胚根也叫初生根、种子根,早在种子胚胎发育时形成。当完熟后的种子遇适宜条件萌动发芽时,主胚根首先突破胚根鞘伸出,随后在胚节处

可长出数条侧胚根。主胚根仅有一条,不分枝,垂直向下生长,在次生根形成之前为幼苗提供水分和养分。

节根也称次生根(气生根),着生于茎节。生在地下茎节上的根称为地下节根,而生在地上茎节的称为地上节根。玉米的第一层节根发生在2~3叶期,因着生在接近胚芽鞘上,故又称为胚芽鞘根,一般为4条,有时也有5~6条。节根长出后先横向生长,然后沿垂直方向下扎。随着基节不断形成及加粗,节根不断由下而上逐层形成。地下节根一般4~6层。大喇叭口期至抽雄期,地上节根从地上茎节发生,与地下节根相比,地上节根较为粗壮、坚硬,入土前在根尖端常分泌黏液,入土后才产生分枝和根毛,起到吸收作用。

(2)根的生理功能和特点。玉米根系吸收养分要靠根毛进行。玉米有发达的根系,有大量分枝和根毛,但只有根尖附近的根毛才有吸收作用。据研究,根尖附近的根毛很多,使玉米根的吸收面积增加了5.5倍。玉米根系从土壤中吸收了无机养分后,一部分通过维管束传送到地上部供植株各部分生长,另一部分则在根系内就合成了有机养分。分枝多、根量大、根粗、扎根深的植株抗倒能力强。

玉米植株是一个有机整体,根系与地上部相互依赖。根系发达、生长良好就能提供充足的水分、养分给地上部,促使地上部生长健壮。发达的根系还能使植株直立不倒,从而使绿色面积分布更合理。地上部生长良好又可以为根系提供所需要的有机养分。

2.茎

(1)茎的形态。在禾谷类作物中,玉米的茎秆最为粗壮、高大,直径多在2~4.5厘米。玉米的茎由节和节间构成,每个节上均着生一个叶片,玉米地上茎节数大多在8~20个,地下3~7节,近地面基部1~3节。玉米的茎节数在幼苗期就已分化确定。

通常情况下，节间长度由下而上逐渐增加，茎粗由下而上逐渐减小。茎的高度因品种、土壤、气候以及栽培条件而异，一般栽培品种在 1.8~3 米。通常将低于 2 米的称为矮秆型，2~2.7 米的称为中秆型，高于 2.7 米的称为高秆型。在有些情况下，玉米主茎基部节或地下节上的腋芽生长而成侧枝即分蘖，分蘖多少与品种及栽培条件有关。一般以收获籽粒为目的的栽培品种，分蘖难以形成产量，会与主茎竞争养分，使主茎产量降低。因此，应该及时去蘖，以提高产量。

（2）茎的功能。茎主要有三大功能，即支持作用、输导作用与贮藏作用。

茎是玉米的中轴，承受着叶、穗等器官的重压，支撑着叶片在空中均匀分布，便于更好地接受阳光及二氧化碳。茎的支持能力与茎粗、株高、穗位高及内部解剖结构有关。

根系吸收的水分和无机养分必须运送到叶片及果穗等地上部分，而地上绿色部分制造的部分有机养分也必须运送到根部以维持根系的正常生命活动。维持植株新陈代谢的双向运输由茎中的组织完成。

茎秆还是贮藏养分的场所，不结穗的玉米秆常较结穗的玉米秆甜，就是因为其内部富含糖分。茎中各节间贮藏的养分数量不完全一样，果穗节养分贮量比较高。在玉米生长后期，这些养分会部分输送到籽粒中去。

3.叶

（1）叶片的构造和功能。叶片由叶鞘、叶片、叶舌构成。有的品种有叶耳，有的品种则无。叶鞘环抱茎秆，质地坚韧，有贮藏养分和保护茎秆的作用，可增加茎的抗倒伏能力。叶片着生于叶鞘顶部的叶环之上，叶片中央有一条纵向的主叶脉，主脉两侧平行分布着许多侧脉。由于叶子边缘的细胞增长更快，叶片边缘常呈波心状皱纹，可增加对光的吸收面积。玉米基部 5 片叶以下多无茸毛，呈光滑状。

叶舌生于叶鞘与叶片交接处,紧贴茎秆可防止雨水、病菌、害虫侵入。叶片的解剖结构可分为上下表皮、叶肉及维管束。上下表皮布满气孔,这些气孔是植株内外气体交换的通道。随着外界环境的变化,气孔有自动调节开关的能力。水分充足时,气孔自动打开,加速二氧化碳的吸收和水分蒸腾,而干旱时则自动关闭以减少失水。表皮以内为叶肉组织,由薄壁细胞组成。叶内的维管束则主要承担叶片内外的输送任务。不同部位的叶片形状、大小各异。第一片叶子叶尖通常是圆的,以后各叶片则是尖的。

叶片的功能主要有光合作用、蒸腾作用和吸收作用。玉米为碳四作物,光合效率高,棒三叶光合作用最强,对籽粒贡献最大;蒸腾作用则是指叶表皮气孔对外交换,蒸散水分,降低叶温;吸收作用是指叶表面气孔和表皮细胞能吸收液态矿物元素,因此可采用根外追肥或叶面喷施的方式,通过叶面吸收进行营养和肥效的传输。

(2)叶的特性。早熟品种一般有 14~17 片叶,中熟品种一般有 18~20 片叶,晚熟品种一般有 21~25 片叶,其中第一真叶较钝,其余为剑形。通常基部的 1~5 片叶为光叶,叶面光滑,无茸毛;其他叶片为毛叶,叶面茸毛密生。凡是自然状态下看到的叶片都称为可见叶,包括展开叶和伸出叶。叶龄指数指已展开叶占该品种最终总叶片数的百分比。根据叶片与茎秆的夹角,可将玉米的叶片分为紧凑型、半紧凑型和平展型。

4.雄花序与雌花序

玉米雄花序又称雄穗,圆锥花序,着生于茎秆顶端,由穗柄、主轴、分枝和小穗组成。雄穗上着生成对排列的小穗,小穗由护颖包着 2 朵雄花。每朵雄花由 1 片内颖、1 片护颖和 3 个雄蕊组成,雄蕊的花丝顶端着生花药,每一花药约有 2500 粒花粉。玉米抽穗后 2~5 天开始开花,开花顺序是从主轴中上部开始,然后向上向下同时进行,分支的小花开放顺序和主轴相同。一般始花后 2~5 天为盛花期,以上午 9—11 时开花最盛。

雄穗的分化和发育过程主要分为以下几个时期。

生长锥未伸长期:处于拔节期之前,生长锥圆形光滑,底径大于高度,基部有叶原基。

生长锥伸长期:进入拔节期,生长锥光滑,高度明显大于底径,节间开始伸长。

小穗分化期:处于小喇叭口期之前,生长锥基部出现分枝原基,中部出现小穗裂片,1 个小穗裂片分裂成 2 个小穗原基,每个小穗在基部两侧各分化出 1 片护颖,基部的分枝原基逐渐成为雄穗分枝。

小花分化期:处于小喇叭口期,每个小穗护颖内侧分化出 2 个小花原基,每个小花原基在基部分化出内稃和外稃各 1 片。

性器官分化形成期:分为药隔形成期和四分体形成期,药隔形成期处于大喇叭口期之前,雄蕊原基由圆球状变为方柱状;四分体形成期处于大喇叭口期,花药内的胞原组织产生花粉母细胞,经减数分裂形成二分体,再形成四分体。

玉米雌花序又称雌穗,属肉穗花序,由叶腋和腋芽发育而成。雌穗是个变态的侧枝,果穗生于侧枝的顶端,侧枝是由短缩的节和节间组成的,通常称为穗柄。枝上每节着生 1 片变态叶,即苞叶。

雌穗由穗柄、穗轴和小穗组成。雌穗下端为穗柄,由 6~10 节组成,每节着生 1 片苞叶。穗轴着生于穗柄之上,其上着生多排成对小穗。成对排列成行的 2 个小穗,每个小穗基部两侧各着生 1 片护颖,每片小穗内有 2 朵雌花,上位花发育结实,下位花退化。其中结实的小花由 1 片内颖、1 片外颖和 1 个雌蕊和退化的雌蕊组成,雌蕊由子房、花柱和柱头组成。另一个退化的小花仅有膜质的内、外颖和退化的雌、雄蕊痕迹。雌穗受精结实后成为果穗。

雌穗的分化和发育过程主要分为以下几个时期。

生长锥未伸长期:处于小喇叭口期之前,长宽差别较小,基部有叶原基。

生长锥伸长期:处于小喇叭口期,雄穗处于小花分化期,基部出现螺旋状的苞叶原基。

小穗分化期:处于大喇叭口期之前,雄穗处于药隔形成期,生长锥显著伸长,长大于宽,生长锥基部出现小穗裂片,小穗基部出现2片护颖原基。

小花分化期:处于大喇叭口期,雄穗处于四分体形成期,生长锥进一步伸长,出现小穗原基。

性器官形成期:处于吐丝期,雄穗处于开花期,雌穗中下部小花雌蕊柱头逐渐伸长,顶端出现分叉和绒毛,同时子房长大,胚珠分化,雌穗迅速增长,不久花丝从苞叶中伸出。

雄穗分化时期、雌穗分化时期与生育时期之间具有一定的相关性。从时间上看,雄穗分化比雌穗分化早10天左右,但雄穗分化时期与雌穗分化时期的对应性很稳定。

雄穗分化时期、雌穗分化时期与生育时期之间的相关关系大致如下:雄穗生长锥伸长期,雌穗尚未分化,植株进入拔节期;雄穗小穗分化期,雌穗生长锥未伸长期;雄穗小花分化期,雌穗生长锥伸长期,植株进入小喇叭口期;雄穗药隔形成期,雌穗小穗分化期;雄穗四分体形成期,雌穗小花分化期,植株进入大喇叭口期;雄穗抽雄期,雌穗增长花丝伸长;雄穗开花期,稍后雌穗进入吐丝期。

5.籽粒

(1)籽粒特性。玉米籽粒也就是植物学上的颖果,具有多样的形态、大小和色泽。玉米的种子由种皮、胚乳和胚三个主要部分组成。种皮主要成分是纤维素,表面光滑,一般无色,在种子的最外层,主要作用是保护种子。胚乳是籽粒能量的储存场所,其化学成分中淀粉含量最丰富,此外还有油分、灰分和胡萝卜素等。

(2)籽粒的形成过程。玉米雄穗开花散粉,雌穗吐丝受精之后,即进入籽粒发育阶段,一般划分为 4 个阶段,分别是形成期、乳熟期、蜡熟期和完熟期。

形成期:历时 15~20 天,期末胚芽和胚根已分化形成,标志着种子已经形成,种子体积和鲜重迅速增加,干物质增加不多,籽粒含水量在 80% 左右,胚乳呈乳浆状。

乳熟期:历时 15~20 天,干物质迅速增加,期末干物质占总重的 70%~80%,体积达到最大值,籽粒含水量由 80%降至 50%,胚乳由乳浆状变为糨糊状,果穗变粗并"离怀"。

蜡熟期:历时 15~20 天,干物质增速变慢,期末干物质重量达最大,籽粒含水量由 50%降至 20%,胚乳由糨糊状变为蜡状,苞叶开始变黄。

完熟期:籽粒脱水,干物质停止增加,尖冠出现"黑层",玉米进入生理成熟期,达到收获标准。

▶ 第四节　玉米的种植方式

一　我国玉米的种植形式

我国幅员辽阔,玉米的种植形式多样,从北到南一年四季均有玉米种植。东北、华北北部有春玉米,黄淮海地区有夏玉米,长江流域有秋玉米,在海南及广西可以播种冬玉米,海南因而成为我国重要的南繁基地,但最重要的种植形式还是春玉米和夏玉米。

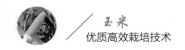

春玉米主要分布在黑龙江、吉林、辽宁、内蒙古、宁夏全部玉米种植区,河北、陕西两省的北部,山西省大部和甘肃省的部分地区,西南诸省的高山地区及西北地区。这些地区的共同特点是因纬度及海拔高度而积温不足,难以实行多熟种植,以一年一熟春玉米为主。相对于夏播区,大部分春播区玉米生长期更长,单产水平也更高。

夏玉米主要集中在黄淮海地区,包括河南全省、山东全省、河北省的中南部、陕西省中部、山西省南部、江苏省北部、安徽省北部,西南地区也有部分面积。主要由于积温的差异,夏玉米的种植形式也不相同。在黄淮海地区的北界,种植一年一熟春玉米热量有余,而一年两熟平作热量条件又显不足。因此,麦田套种玉米的种植形式在河北石家庄以北及山西等地区比较常见。近年来,随着小麦联合收割机的普及,套种玉米因在小麦收割时易伤苗,小麦收后贴茬播种玉米,有取代套种玉米的趋势。

二 不同的种植方式

玉米的种植方式是指玉米种植时田间植株的形态,主要涉及行距、株距和田间植物布局的均匀性。玉米的种植方式按栽培方法来分,可分为大田直播、育苗移栽和间作套种等方式;按种植行距大小来分,可分为等行距种植、宽窄行种植和一穴双株种植等方式。常见的种植方式主要是等行距大田直播,鲜食玉米运用育苗移栽较多。有时为了提高复种指数通常会采用间作套种,如大豆-玉米带状复合种植。

1.玉米直播

大田直播主要有露地直播、覆地膜直播、催芽覆地膜直播和秋玉米板茬免耕直播等,具体要求如下。

(1)露地直播。必须在土壤表层5~10厘米地温稳定高于10℃时进行,过早播种易烂种,造成缺苗断垄,影响产量。播种前精细整地,要求地面平整,土壤松软、细碎。施足基肥后做畦,开沟播种或点播。

(2)覆地膜直播。有先播种后盖膜或先盖膜后播种两种方法。前一种方法在开沟播种后盖土,喷除草剂,覆薄膜,薄膜四周用土压实;后一种方法是在畦上盖地膜后点播,该方法只适合沙壤土种植。覆地膜直播须及时定苗,膜上洞口宜小,并用土盖严,以免漏风,造成膜内温度降低。

(3)催芽覆地膜直播。玉米种子浸种处理后,放在25℃的烘箱中催芽,胚芽1厘米长时播种,播种前适当低温炼苗。播种前田地准备同地膜直播,要求土壤含水量适宜。播后立即覆盖地膜,四周用土压实,保持土壤温度。随着植株长高和气温升高,应及时破膜放苗,以防烧苗。此外,还要及时定苗。

(4)秋玉米板茬免耕直播。秋玉米板茬直播就是采用贴茬抢种的办法点播玉米。华中地区春玉米或其他作物收获后,为抢季节,在墒情不足的情况下,不翻耕,喷洒除草剂,抢墒打穴播种,玉米出苗后及时定苗,及时追肥,中耕松土,防止僵苗不发。

2.玉米育苗移栽

育苗移栽通常用于春播,尤其是用于鲜食玉米种植,具体操作模式如下。

(1)育苗方法。选择吸水性能比较好的松软、肥沃土壤作为营养土,可以根据情况适当地加入有机肥和复合肥,用水溶化后和营养液搅拌。在播种前将选择好的优质玉米种子浸种、催芽,当种子露白的时候,就可以播种了(在播种的前一天要注意对苗床进行消毒和浇水)。播种的时候,苗床每个块状区域内只能放一粒种子,浇水时保证营养土湿润,最后在苗床上覆盖拱棚、地膜保温,中午温度过高时要注意及时通风。

(2)移栽技术。育苗移栽应事先准备纸筒、大棚、营养土和优良种子等。一般在4月中下旬育苗,4月底到5月初移栽。最佳移栽叶龄控制在

3叶期左右,移栽后及时浇透水。育苗过早苗龄大,移栽后生长不好,影响产量。育苗过迟,又达不到提早节龄的目的。因此,适期播种是移栽育苗应重点注意的问题。

3.间作套种技术

玉米与其他作物间作套种占我国玉米种植总面积的三分之一。这种玉米间作套种技术的原则是要选好组合、规格种植、适时播种、确保全苗以及加强肥水促控和田间管理等关键措施。

(1)玉米间作套种的组合选择。组合要考虑两个方面:一是尽量减少上茬和下茬作物之间的矛盾;二是尽可能地发挥间套作物的增产潜力,又不影响下茬作物的正常播种。玉米行间种植其他作物,要注意通风透光和作物的需肥、需水特点。农民总结的经验有阴阳搭配、高矮搭配、深浅(根)搭配、长圆(叶)搭配、早晚(熟)搭配、前后(茬)搭配,这样搭配可以充分利用空间和时间,确保两种作物稳产多收。一般来说,高秆玉米行间光照条件较差,要选择耐荫性强、适当早熟的作物品种。如玉米和大豆间作,大豆应选分枝少或不分枝的早熟品种,植株稍矮一些,使玉米通风透光良好;玉米要求植株矮壮,叶片上冲,尽量减少行间遮阴。

(2)播期的选择。小麦和玉米套种,播种期是成败的关键。套种时间过早,共生期过长,玉米容易形成小老苗,或者植株瘦弱,收麦时容易损伤。要根据种植形式、作物品种和留埂宽度因地制宜,灵活运用。

(3)行向的选择。农作物在单作情况下,一般以南北行向配置较好,可比东西行向配置增产3%~5%。但在间作套种的情况下,为取得两种作物的增产,缓和作物之间争光的矛盾,东西行向对矮作物是有利的。这是因为东西行向作物接受太阳直射光的时间开始早,结束晚。

4.等行距种植

一般行距60~70厘米,株距30~35厘米,每穴留苗1株。这种种植方式,植株地上部分与地下部分分布均匀,便于机械化操作。而且每株获得的营养面积较多,生长前期光照较充分,植株生长较均匀。其不足之处是由于株距较小,生长盛期植株间叶片互相遮挡,影响授粉,采用育苗定向移栽可减少遮挡。

5.宽窄行种植

宽行距80~90厘米,窄行距35~40厘米,株距25~33厘米。这种种植方式既保证了单位面积株数,又便于田间管理,单株受光吸肥较均匀,植株生长一致,大小苗现象较少,充分发挥边行优势,使"棒三叶"处于良好的光照条件下,利于发挥高产潜力。在种植密度较高的情况下,这是一种较为合理的方式。目前,南方玉米产区大部分采用这种种植方式。其不足之处是对机械操作有一定的要求,有时需要特殊定制。

6.一穴双株种植

一般行距85~100厘米,株距50~60厘米,每穴2株。这种种植方式便于套种其他作物,田间管理较方便,省工省肥。但由于每穴2株,互相争夺养分和水分,大苗欺小苗,植株生长不均匀,常出现大小苗现象。用于采收玉米笋时,可采用这种种植方式。

（三）我国玉米种植区域

我国是玉米生产与消费第二大国。玉米在我国国民经济中占有举足轻重的地位,是保障我国食物安全供给的重要因素。我国玉米在各地区的种植分布并不均衡,主要集中在东北、华北和西南地区,大致形成一个从东北到西南的斜长形玉米种植带。种植面积较大的省份主要有黑龙江、吉林、河北、山东、河南、内蒙古、辽宁、山西,这8个省份的玉米播种面积占全国总播种面积的66%左右。经多年的规划与调整,目前我国玉米主产区主要有以下六大区域(图1-1)。

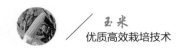

图 1-1　我国玉米种植区域划分情况

1.北方春播玉米主产区

包括东北三省、内蒙古、宁夏及河北、山西、陕西、甘肃的一部分地区。一年一熟,旱地为主,面积23000万亩左右,占全国玉米播种面积的36.67%。

2.黄淮海平原夏播玉米主产区

包括山东与河南,河北、山西中南部,陕西中部,江苏、安徽北部。一年两熟,水浇地与旱地并重,面积18000万亩左右,占全国玉米播种面积的29.4%。

3.西南山地玉米主产区

以四川、云南、贵州,湖南与陕西南部及广西西部丘陵地区为主。一年一熟、二熟、三熟并存,水旱田交错,面积8000万亩左右,占全国玉米播种面积的13%。

4.南方丘陵玉米主产区

包括广东、江西、福建、浙江、上海、台湾、海南,广西、湖南、湖北东部及江苏、安徽南部。水田旱地并举,一年三熟,玉米有春、夏、秋播,甚至在广东和海南等地还有冬播,面积 1500 万亩左右,占全国玉米播种面积的 2.5%。

5.西北灌溉玉米主产区

包括新疆和甘肃河西走廊。一年一熟或二熟,水浇地为主,面积 6000 万亩左右,占全国玉米播种面积的 10%。

6.青藏高原玉米主产区

包括青海、西藏全部。一年一熟,旱地春播单作,面积 30 万亩左右,占全国玉米播种面积的 0.05%。

▶ 第五节 玉米杂交育种技术

种子是最重要的生产资料,新品种是农业科技进步最核心的基础。玉米育种和生产实践表明,玉米产量增加的 43%~60% 是通过培育和推广优良品种实现的。因此,培育和推广玉米新品种对于提高玉米单产水平和粮食综合生产能力具有决定性的作用。

一 玉米育种的特点

玉米最主要的特征是天然异花传粉,天然授粉群体的田间组成处于高度的异质状态,个体的基因型处于高度的杂合状态。这决定了在玉米天然授粉的群体中,株间表现型比较意义不大,必须通过一定的基因型选择过程才能正确地决定取舍。同时,由于个体基因型高度杂合,造成表型选择不可靠,必须对大量个体做测交或后代鉴定,才能确认表型是否真实遗传。现代玉米育种的主流是杂种优势育种,基本途径是先选育纯合的亲本自交系(一般都要经过 7~8 个世代的自交选择、比较,才能育成新的自交系),再将亲本自交系杂交,选育出杂种优势强的杂交种(图 1-

2),杂交种经过一系列鉴定试验,通过省级或国家级审定后最终成为生产上推广的品种。

图 1-2　珍珠糯 8 号杂交选育

二 自交和杂交技术

在玉米育种工作中,每年都要进行大量的人工自交或杂交。根据玉米育种工作的进程和玉米开花的特点,制订好授粉计划,严格操作,避免差错,防止串粉混杂,才能确保育种任务的实现。

1.授粉计划的制订

由于每季或每年播种的育种材料很多,授粉的目的和方式也各不相同,而玉米的开花散粉又有严格的时间性,所以,在授粉工作开始前必须认真地编制好授粉计划。

2.自交和杂交用具的准备

(1)纸袋。授粉用的纸袋有雌穗袋和雄穗袋两种(羊皮纸或硫酸纸做成)。雌穗袋一般长 18 厘米,宽 11 厘米左右;雄穗袋一般长 30 厘米,宽 15 厘米左右。

(2)回形针和大头针。套雄穗袋后用回形针卡好,以防被风吹掉,从而使花粉不会漏失。授粉后用回形针和大头针固定雌穗袋(利用折叶套袋

技术则不需要用回形针和大头针固定雌穗袋）。

（3）剪刀。剪苞叶或花丝用。

（4）酒精棉或纱布。用70%酒精浸泡脱脂棉或小纱布块盛于小盒内，供授粉时擦拭手和剪刀用，以杀死黏附的花粉，防止混杂。

（5）塑料标签和铅笔。每自交或杂交一株，都要挂上塑料标签，写上小区代号或自交系、杂交组合的名称。

（6）工作服。做成带有大、小口袋的工作服或围裙，供盛放全部授粉用具。

3.自交和杂交的技术操作

自交的技术操作有以下几个步骤。

（1）套雌穗袋。雌穗套袋工作整天均可进行。当雌穗露出而花丝尚未抽出前，便要及时套袋。套雌穗袋时结合选单株，若一株有几个雌穗时，应选用最上边的一个雌穗套袋。

（2）套雄穗袋。在雌穗花丝大部分抽出或在雄穗散粉一半时进行。套袋时，袋口要紧紧地包住雄穗基部（穗柄上）折叠好，并用回形针卡紧。

（3）授粉。已套雄穗袋的植株，一般在第二天上午露水干后、花粉散出时进行授粉。

（4）挂牌、登记。小标签最好挂在果穗上，以便收获时连同标签一起取下。重要材料还要在记载本上登记。

至于人工杂交的套袋授粉工作，和自交技术是相同的，只是所套的雄穗是在作为杂交亲本的另一自交系或品种的植株上，而不是在同株套袋取粉。杂交授粉后，还应在标签上注明组合名称（或父、母本区号），以便查考。

（三）自交后代的处理

自交系的选育不但要求本身性状优良，还要求配合力高，对自交系农

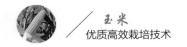

艺性状和配合力的选择具有同等重要的意义，不可偏废。这就大大提高了育种的难度，延长了育种的周期。在玉米自交系的世代选育过程中，根据农艺性状、抗逆性、配合力及种子生产性能等方面进行择优汰劣，配合力测定一般在自交四代进行。

（四）玉米杂交种的选育

杂交种的选育就是将自交系或其他优良亲本材料组配成杂交组合，通过测交鉴定、品种比较和各类品种比较试验，选育出符合育种目标要求的强优势杂交种。

1.杂交种的选育

自交系的选育已经为杂交种选育提供了大量参考资料和信息。在应用一组优良自交系选育杂交种之前，需要对所使用的亲本有较详细的了解，并遵照以下原则在亲本间组配。一是亲缘关系远，地理差异大。例如，采用国外系国内系的组配模式已经被国内育种专家广泛认识。二是类型有差异，性状要互补。类型间的差异通常反映了基因型的差异，性状互补更加重要，特别是重要的抗性性状，至少在亲本之一中要存在。三是农艺性状和种子生产性能好，这对于新杂交种的应用极为重要。四是配合力要高，这是最基本的条件之一，特别是产量性状的配合力要高。

2.杂交种的系列试验

组配的大量杂交组合首先进行新组合鉴定，根据育种目标筛选出较优组合。海南南繁后第二年进行多点适应性鉴定，表现突出的组合提交参加省级比较试验（2年），比较试验通过后晋级省级区域试验（2年），区域试验通过后晋级省级生产试验（1年）。参加国家试验程序等同于省级试验，由于区域的扩大，通过试验而审定的概率会更小。

3.审定及生产上推广应用

玉米杂交种通过省级(或国家)试验后,省级(或国家)农作物品种审定委员会颁发审定证书,允许在适宜的区域内种植推广。

▶ 第六节 玉米转基因技术

玉米转基因技术是指利用基因工程的手段将优良性状基因(如抗虫、耐除草剂、抗病、抗逆、高产等)构建在合适的载体上,利用有效的转化方法导入玉米受体系统中,并获得稳定、高效表达的过程,最终获得具有特定性状的玉米新品种。自1996年首例抗虫转基因玉米在美国商品化以来,转基因玉米的种植面积日益增加,在所有转基因作物中,转基因玉米的种植面积仅次于转基因大豆的种植面积。

一 玉米转基因转化方法

目前已经应用的转化技术有基因枪法、PEG(聚乙二醇)介导法、超声波法、电击法、农杆菌介导法、花粉管通道法、子房注射法、阳离子转化法等。其中,基因枪法、PEG介导法、超声波法和电击法属于DNA直接转入;农杆菌介导法属于载体介导转化;种质转化技术包括花粉管通道法和子房注射法。

农杆菌介导法、基因枪法和花粉管通道法是玉米转基因过程中使用比较广泛、转化效率较高的方法。但是,这些方法在实际应用中仍存在一些问题,比如基因枪法存在外源基因拷贝多、DNA断裂等问题。

二 玉米转基因受体系统

理想的受体基因型是具有优良农艺性状的自交系。在农杆菌介导的

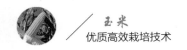

玉米转基因转化过程中,使用的受体系统是不成熟的胚(幼胚)或来自不成熟胚的胚性愈伤组织。由于受到幼胚的农杆菌侵染能力、胚性愈伤组织形成能力和植株再生能力的影响,不同基因型的受体在遗传转化效率上存在很大的差异。

三　玉米转基因技术在育种中的应用

1.抗虫转基因玉米

目前用于玉米转基因研究的抗虫基因主要是来源于苏云金杆菌的 *Bt* 基因,主要包括编码 *Cry* 类、*Cyt* 类杀虫晶体蛋白基因及 *Vip* 类营养期杀虫蛋白基因。抗虫转基因玉米已获得了能稳定遗传的转 *Bt* 基因家系、转 *Bt* 基因抗虫玉米自交系及杂交组合。最近几年,抗虫转基因玉米在草地贪夜蛾防治上的应用取得了可喜的进展。报道显示,美国、加拿大和南非等地广泛种植 *Bt* 玉米防治草地贪夜蛾,*Bt* 玉米类型主要包括 *Cry1F*、*Cry1Ab*、*Cry1A.105* 和 *Cry2Ab2*。研究表明,*Cry1Ab* 玉米对玉米螟和草地贪夜蛾均表现出良好的抗虫能力。

2.耐除草剂转基因玉米

物理除草费时费力,劳动强度大。化学除草污染环境,而且杂草会产生除草剂抗性。因此,挖掘来源于玉米自身的除草剂抗性基因,特别是具有广谱抗性的除草剂基因,进而培育出耐除草剂的转基因玉米新品种,是一种高效、低成本的控制杂草的方法。据报道,耐除草剂的转基因玉米是获得商业化批准最多的转基因作物。目前,商业化的耐除草剂转基因玉米转化体中主要表达了抗草铵膦的 *PAT*、*BAR* 和 *EPSPS* 等基因,抗2,4–D 除草剂的 *AAD–1* 基因,以及抗麦草畏除草剂的 *DMO* 基因。*PAT* 和 *EPSPS* 不仅可以作为目标基因进行性状改良,还可以作为玉米转化事件的筛选标记。

3.抗病转基因玉米

和抗虫、耐除草剂转基因玉米相比,抗病转基因玉米的研究进展比较缓慢。最近几年,随着转基因技术和基因编辑技术的发展,抗病转基因玉米的研究取得了很大进展。玉米病害主要包括大斑病、小斑病、锈病、玉米矮花叶病、玉米丝黑穗病、玉米瘤黑粉病、纹枯病、褐斑病、青枯病、茎腐病和穗腐病等40多种。培育抗病转基因玉米是解决病害的有效方法。有学者采用花粉管介导法成功将几丁质酶基因导入玉米自交系,并获得了抗玉米丝黑穗病的转基因株系。国内研究人员采用基因枪法,将玉米矮花叶病毒外壳蛋白基因 $MDMVCP$ 导入玉米优良自交系,后代对玉米矮花叶病表现出不同程度的抗性。据报道,华中农业大学玉米团队成功克隆了广谱持久抗玉米南方锈病基因 $RppK$,在感病条件下,该基因能显著提高玉米对南方锈病的抗性,并增加产量。中国农业科学院玉米基因编辑团队通过基因编辑技术靶向编辑玉米内源基因 $ZmFER1$,创制的突变体在多环境下对玉米拟轮枝镰孢穗腐病具有明显抗性。四川农业大学玉米研究团队利用普通栽培玉米,分别与野生种小颖玉米和大刍草进行杂交及多代回交,对获得的基因渗入群体进行田间穗部轮枝镰刀菌抗性鉴定,获得了4个稳定的抗病位点,其中2个位点既提高了抗病性又提高了产量。

4.抗旱转基因玉米

运用转基因技术培育抗旱玉米新品种是提高玉米产量的方式之一。近年来,关于抗旱转基因玉米的研究取得了一些进展,主要通过转入渗透调节物质合成基因、转录因子基因和信号传导相关基因等手段来实现。据报道,转入渗透调节物质合成酶基因 $ApGSMT2$ 、$ApDMT2$ 、$betA$ 、$TPS1$ 和 $mtlD$ 等可以缓解干旱对植物造成的渗透胁迫伤害。已转入玉米的抗旱相关转录因子有 $TsCBF1$ 、$AtCBF4$ 、$AtCBF1$ 、$ZmDREB3$ 和 $ZmASRs1$

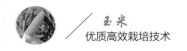

等。转入代谢相关的酶类合成基因如 *gdhA*，可维持代谢平衡而提高抗旱性。四川农业大学卢艳丽团队采用 *ABA* 诱导策略表达玉米 *DRO1* 基因，最终获得了田间避旱能力优异且正常条件下不减产的转基因玉米。

5.复合性状转基因玉米

转基因玉米复合性状以抗虫、耐除草剂以及多基因复合抗虫为主。比如，中国农业科学院利用具有自主知识产权的抗虫基因 *cry2Ah−vp* 和耐草铵膦基因 *bar* 转化玉米获得了抗虫耐除草剂玉米 *2HVB5*。

（四）转基因玉米检测方法

1.核酸检测法

包括普通 PCR、荧光实时定量 PCR、多重 PCR 和基因芯片等。PCR 方法兼具适用范围广、灵敏度高、操作简便等特点，已经成为转基因作物检测的主要方法。

2.蛋白质检测法

包括蛋白质免疫印迹（Western-blot）、蛋白酶联免疫吸附检测（ELISA）和试纸条等。试纸条检测法快捷、简便，能够同时检测多种复杂蛋白的测试纸条急需研制。

3.红外线检测法、色谱法以及酶活性检测法

Southern-blot 能较为准确地检测外源基因插入的拷贝数和插入方式，是目前检测外源基因在植物染色体上整合状态的常用方法。

（五）展望

一是继续优化遗传转化技术，以提高转化效率、再生效率，并获得高质量转化事件。探索简单易行的转化方法，找到类似拟南芥蘸花法的无须组培的技术或大幅度简化组培程序的技术。

二是基因型依赖性仍然是目前玉米遗传转化中的突出问题，已成为玉米基因编辑的瓶颈因素。如何克服玉米基因型依赖性将是今后重要的研究方向。

三是关于抗旱、抗病、养分高效利用等转基因玉米品种的报道仍较少，因此未来的工作重点可以聚焦在强化植物和微生物的基因克隆和功能验证，挖掘具有自主知识产权的优异抗虫、耐除草剂、抗旱、抗病等新基因的研究上。

第二章 玉米丰产栽培技术

▶ 第一节 玉米品种选择

玉米品种选择主要遵循以下原则：一是要选用已通过审定的品种。二是适宜种植区域要包括本区域。三是在当地进行了 2 年以上试验示范，才能选出在当地最适宜的品种。四是选择生产潜力大、适应性广的品种，兼顾品种特异性。生育期相近的品种产量潜力可能相差很大，品种的生产潜力不仅由穗子的大小、穗行数、行粒数、粒深、容重、出籽率决定，还取决于株型（叶片紧凑与平展）等特殊性状，高产条件下尽量选择紧凑型和半紧凑型品种。五是选择抗逆性强的品种，玉米抗逆性包括抗（耐）病性、抗倒性、耐渍性等，选择抗逆性强的品种是玉米稳产的基础。

一 普通玉米品种

淮河以北地区宜选用耐密型品种，如中科玉 505、裕丰 303、汉单777、秋乐 368、全玉 1233、迪卡 653、鲁单 9088、沃玉 3 号、庐玉 9015 等，或中大穗型品种，如登海 605、先玉 335、蠡玉 16、联创 808 等，或适机收品种，如登海 618、迪卡 517 等。沿淮和淮河以南地区宜选用耐涝渍、耐密型的品种，如隆平 206，或选用抗（耐）锈病、中大穗型的品种，如登海 605、蠡玉 16、济单 7 号等。同时，近年新审定的品种，如庐玉 9105、良玉 99、汉单

777、安农 591、华皖 267、MY73 等逐渐被推广应用。

据安徽省种子管理部门统计（表 2-1），2017 年种植面积超过 100 万亩以上的品种有隆平 206、登海 605、郑单 958 3 个，分别为 201.3 万亩、176.7 万亩、170.8 万亩；种植面积在 50 万~100 万亩的品种有蠡玉 16、裕丰 303、先玉 335、汉单 777、蠡玉 88 5 个，分别为 88.2 万亩、77.6 万亩、65.1 万亩、56.7 万亩、53.6 万亩；种植面积在 10 万~50 万亩的品种有德单 5 号等品种 34 个；种植面积在 0.5 万~10 万亩的品种有 94 个。

表 2-1　2017 年安徽省种植面积大于 10 万亩的玉米品种统计

品种名称	面积/万亩	品种名称	面积/万亩	品种名称	面积/万亩
隆平 206	201.3	美豫 5 号	36.6	高玉 2067	12.4
登海 605	176.7	鲁单 9088	26.6	登海 11	12.3
郑单 958	170.8	津北 288	23.2	登海 662	11.5
蠡玉 16	88.2	蠡玉 35	22.5	蠡玉 37	11.0
裕丰 303	77.6	益丰 29	21.2	浚单 20	10.7
先玉 335	65.1	全玉 1233	21.0	鲁单 981	10.6
汉单 777	56.7	伟科 702	20.1	秦龙 14	10.5
蠡玉 88	53.6	济单 7 号	19.2	庐玉 9105	10.4
德单 5 号	47.7	迪卡 517	18.6	圣瑞 999	10.3
中单 909	45.1	苏玉 20	16.8	农大 372	10.3
源育 66	44.2	丰乐 21	13.8	华农 138	10.2
华皖 267	42.7	中科 4 号	13.7	皖玉 708	10.1
苏玉 29	42.4	强盛 369	12.9	东单 60	10.0
联创 808	41.9	豫龙凤 1 号	12.7	源玉 66	10.0

二　青贮玉米品种

青贮玉米主要有青贮专用型和粮饲兼用型。近年来，在安徽省推广应用的青贮专用品种主要有雅玉青贮 8 号、豫青贮 23、郑青贮 1 号、渝青 386、皖农科青贮 6 号，其中豫青贮 23 由于早期进入安徽省推广，稳产性较好，因此推广面积最大，但丰产性一般。近年来，法青贮 10 号、渝青 386、皖农科青贮 6 号等品种因丰产、稳产、抗病、保绿等特点发展较快。粮

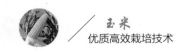
饲兼用型品种主要有庐玉 9105、苏玉 29、鲁单 9088、联创 808 等,其市场弹性大,风险小,是安徽省青贮玉米发展方向。总体来说,普通籽粒玉米做青贮现象极为普遍,占青贮饲料的近一半;其次为粮饲兼用型品种,占 34.71%;真正的青贮专用型品种仅占 15.47%,且多为规模养殖场自种自用或青贮专业化公司使用。

三 鲜食玉米品种

糯玉米品种有彩甜糯 6 号、万糯 2000、苏玉糯 2 号、苏玉糯 5 号、凤糯 2146、京科糯 2000、孟玉 301、珍珠糯 8 号、苏科糯 1501 等。

甜玉米品种有先甜 5 号、金中玉、夏王、粤甜 16 号、粤甜 27 号、广甜 5 号等。

▶ 第二节 播种技术

玉米是稀植高秆作物,个体自身调节能力很弱,缺苗、苗弱易造成穗数不足而减产。目前,玉米生产上"七分种,三分管"已成为大家的共识。随着玉米产量不断提高,玉米播种质量的要求也越来越高。要实现"七分种,三分管",只有做到精细播种,才能提高出苗整齐度,达到"苗全、苗齐、苗匀、苗壮",其中"苗全、苗匀"是玉米高产的基础,"苗齐、苗壮"是高产的关键。因此,只有真正提高玉米播种质量,才能最终获取高产。

一 普通玉米播种

1.及时灭茬整地

夏玉米在前茬作物收获后,抢时早播是关键,一般不要求耕翻。为了实现抢墒抢时一播全苗和防止玉米倒伏,应尽量避免耕翻或旋耕灭茬播种,最好趁墒贴茬免耕机直播。

淮北平原在小麦收获时,选用带秸秆粉碎和切抛装置的大马力小麦联合收割机。小麦留茬高度不超过 20 厘米,小麦秸秆粉碎长度为 5~10 厘米,粉碎后的小麦秸秆要抛撒均匀,不能成垄或成堆堆放(图 2-1)。如果秸秆量过大,或留茬太高及秸秆抛撒不均匀,须先用灭茬机械进行灭茬(图 2-2),然后再播种。

图 2-1　小麦秸秆粉碎抛撒覆盖还田　　　图 2-2　灭茬机械灭茬覆盖还田

在沿淮和淮河以南地区,玉米生长期间雨水较多,垄作和畦作有利于排水降湿,降低土壤湿度,避免渍害发生。在作物油菜、小麦等收获后,进行旋耕,然后采用畦作或台田种植,采用 1.2 米宽的凸畦或小于 3 米的台田种植,以便沥水防渍,可有效防止玉米苗期涝渍危害。对没有条件起垄或台畦种植的田块,玉米播种后要及时清理疏通围沟、腰沟和开挖畦沟,以便遇雨时快速沥水排渍。

2.抢时抢墒播种

春播玉米一般在土壤表层 5~10 厘米地温稳定高于 10℃时进行,也可以通过地膜覆盖达到升温的效果。

秋季作物播种坚持"夏播无早,越早越好"的原则。在前茬小麦收获后,尽早抢墒抢时播种夏玉米,力争 6 月 15 日之前集中播种,以减少芽涝及培育壮苗。若土壤墒情不足,为抢播夏玉米也可先播种,播后及时补浇

"蒙头水",实现一播全苗。

3.贴茬种肥同播

根据地块平整度、秸秆粉碎长度与抛撒均匀度和机械动力,选用2行或4行单粒点播机进行贴茬播种,一次完成开沟、施肥、播种、覆土、镇压等作业(图2-3)。采用60厘米等行距种植,确保播种质量,保证播种深度为3~5厘米并均匀一致。如果土壤墒情好,播种可浅些;如果表层土干,可适当深一些;在沙壤土上播种比在黏土上播种深一些。覆土时注意厚薄均匀一致,以防落干缺苗,实现苗齐、苗匀、苗壮,提高群体整齐度的高产要求。在播种的同时要将基肥一起施入土壤内,种子与基肥之间要有5厘米以上的土壤间隔层(图2-4)。

图2-3 玉米免耕单粒施肥、播种、
镇压一体化播种机

图2-4 玉米带状旋耕施肥、播种、
镇压一体化

4.合理密植

决定种植密度的主要条件是品种特性,次要条件是栽培条件。一般晚熟种或大穗型品种应适当稀些,反之则密些;地力较差、肥水条件差时应稀些,反之则密些。一般半紧凑大穗型品种的种植密度在每亩4000~4500株,紧凑中小穗型品种的种植密度在每亩4500~5000株。为适应机械作业,宜行距60厘米,株距随密度而定。

5.科学施肥

测土配方平衡施肥,施肥量根据产量目标和土壤肥力等确定。施肥采取大量元素与微量元素相结合、基肥与追肥相结合的方式,满足丰产群体的养分需求。如玉米目标亩产量设定为 500~600 千克,根据当前土壤肥力中等和秸秆全量还田的现状,建议亩施纯氮肥(N)15~18 千克、磷肥(P_2O_5)5~6千克、钾肥(K_2O)10~12 千克、硫酸锌($ZnSO_4$)1 千克。在当前小麦秸秆全量还田的条件下,为避免秸秆腐熟时与玉米产生苗期争氮的问题,同时为防止玉米后期早衰,氮肥应基肥重施,即磷肥、钾肥、硫酸锌和 50%~70%的氮肥基施,其余的氮肥在大喇叭口期(10~12 片展开叶)追施。如采用一次性底施的施肥方式,须选用长效缓释肥。

6.化学除草

播后苗前,土壤墒情适宜时或浇完"蒙头水"后,用40%乙阿合剂或48%玉草灵、50%乙草胺等除草剂兑水后进行封闭除草。还可以在玉米出苗后,用 48%玉草灵、4%玉农乐或苞卫等除草剂兑水后进行苗后除草。不重喷、不漏喷,并注意用药安全。

二 青贮玉米播种

1.适期播种

春播根据当地种植制度,为充分利用当地气候资源,一般以地表 5~10 厘米土层温度稳定在 10~12℃时播种比较适宜。安徽省春季大部分地区以 3 月底至 4 月上旬播种为宜。如果地温低、墒情差,则应适当深播,覆土需达 5~6 厘米;反之则要适当浅播,覆土 3~4 厘米。沙土地要深一些,黏土地则要浅一些。播种后,应及时镇压,尤其是墒情较差、土块较大的地块和沙性土壤,播种后镇压更为重要。青贮玉米秋季最迟应在 7 月底播种完毕,若在 4 月下旬至 6 月上旬期间种植,容易发生粗缩病,应在

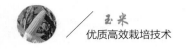

玉米出苗后喷吡蚜酮防治灰飞虱,1周后再喷1次,预防粗缩病。

2.合理密植

青贮玉米多数植株高大,茎叶繁茂,常有分蘖,但主要是收获营养体,因此,要获得高产需注意密植。种植密度因品种和土壤肥力水平而异,一般按照早熟品种宜密、晚熟品种宜稀;肥地宜密、瘦地宜稀的原则。平展型矮秆杂交种每亩种植4500株左右;紧凑型杂交种每亩种植5500株左右。为适应机械作业,宜行距60厘米,株距随密度而定。

3.贴茬种肥同播

根据地块平整度、秸秆粉碎长度与抛撒均匀度和机械动力选用2行或4行单粒点播机进行贴茬播种,一次完成开沟、施肥、播种、覆土、镇压等作业。确保播种质量,保证播种深度为3~5厘米并均匀一致,确保玉米苗在田间分布均匀,无缺苗断垄。如果土壤墒情好,播种深度可浅一些;如果表层土干,可适当深一些。实现苗齐、苗匀、苗壮、提高群体整齐度的高产要求。播种同时要将种肥一起施入土壤内,种子与种肥之间要有5厘米以上的土壤间隔层。

4.科学施肥

施肥采取大量元素与微量元素相结合、基肥与追肥相结合的方式,满足丰产群体的养分需求。在每亩施有机肥1000~2000千克的基础上,基施三元素复合肥(15:15:15)40~50千克,硫酸钾10千克,硫酸锌1千克,拔节后机械追施尿素15~20千克,促壮秆大穗。如采用一次性底施的施肥方式,须选用长效缓释肥。

5.化学除草

土壤墒情充足时,在玉米播后苗前喷施乙草胺进行封闭除草,或于玉米幼苗可见叶2~5叶期(杂草3~5叶期)喷施甲基磺草酮类除草剂进行茎叶除草。齐苗后喷高效氯氟氰菊酯防治地老虎、黏虫等。

（三）鲜食玉米播种

1.适期播种

春季一般以地表 5~10 厘米土层温度稳定在 10~12℃时播种玉米比较适宜。安徽省长江以北地区 3 月底土壤温度即可稳定在 10℃以上，因此 3 月底即可播种。地温低、墒情差时，应适当深播，覆土需达 5~6 厘米；反之则要适当浅播，覆土 3~4 厘米。沙土地要深一些，黏土地则要浅一些。播种后，应及时镇压，尤其是墒情较差、土坷垃较大的地块和沙性土壤，播后镇压更为重要。

为避免粗缩病，4 月下旬至 6 月上旬期间不宜种植玉米，如若种植，应加强灰飞虱的防治。秋季最晚的播种期以在霜冻前玉米长到乳熟末期至蜡熟初期为好，最迟应在 8 月初播种完毕。

春季可采用育苗移栽、地膜覆盖的方法，提早上市，也可采用分期播种、分期收获的方式，延长采收期。甜、糯玉米应根据上市季节，合理安排播种期。

2.合理密植

种植密度因品种和土壤肥力水平而异，按照早熟品种宜密、晚熟品种宜稀；肥地宜密、瘦地宜稀的原则。甜、糯玉米一般每亩种植 3500~4000 株，行距 60 厘米，株距随密度而定。地膜覆盖可采用宽窄行方式，便于覆膜和采收，宽行 80 厘米，窄行 40 厘米。播种质量应确保玉米苗在田间分布均匀，无缺苗断垄。

3.隔离种植

甜、糯玉米是由单个隐性基因控制，种植中需要控制纯度，需隔离种植，一旦接受其他类型玉米的花粉，就会严重影响其甜、糯风味及品质。隔离一般分空间隔离和时间隔离两种方式。空间隔离一般要求 300 米范

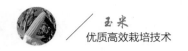

围内不种其他类型的玉米品种;时间隔离是把隔离区内的玉米与隔离区外玉米花期错开,春播间隔 30 天,夏播间隔 20 天。

4.科学施肥

施足基肥,及时追肥。在土壤中等肥力的水平下,亩施总氮量 15 千克(纯氮),氮、磷、钾的比例为 3:1:1。基肥一般每亩施有机肥 1000~2000 千克,三元素复合肥(15:15:15)35 千克左右,尿素 5 千克,基肥氮约占氮肥总量的 50%;拔节后亩追施尿素 15 千克,扬花期看苗补追粒肥。

5.种植方式

淮河以南地区由于春季雨水较多,为提高地温和减轻涝渍危害,以畦作种植较好,1.2 米宽的凸畦有利于排涝降渍。

6.治虫除草

齐苗后喷高效氯氟氰菊酯防治地老虎、黏虫等。于玉米幼苗可见叶 2~5 叶期(杂草 3~5 叶期)喷施甲基磺草酮类除草剂进行茎叶除草。

▶ 第三节　耕作与玉米养分管理

一　耕作制度

安徽省玉米主要分布在淮北平原、江淮丘陵和沿江江南 3 个产区,其中淮北平原玉米产区包括宿州、亳州、阜阳、淮北和蚌埠,种植面积占全省 85%以上,其种植制度主要是小麦-玉米两熟连作。江淮丘陵和沿江江南玉米产区种植制度有小麦-玉米两熟连作、油菜-玉米两熟连作、玉米(鲜食)-玉米(鲜食)两熟连作以及鲜食玉米-毛豆-大棚蔬菜三熟连作等。近年来,大豆-玉米间作种植模式逐渐得到推广。

二 土壤抚育

安徽省玉米种植多采用小麦－玉米一年两熟的种植模式，小麦种植季节以旋耕为主，玉米种植季节采用免耕。长期的浅旋耕导致土壤耕作深度不足，同时农机进行作业时在田间反复碾压，造成耕层深度逐年变浅，土壤容重增加，导致耕层"浅、实、少"问题日益凸显。

土壤抚育是调整土壤结构最直接的农业措施，能为作物生长创造一个优良的环境。适当的耕作方式可以改善土壤结构，打破犁底层，增加耕层厚度，降低土壤容重，调节土壤三相比，增加水分入渗，降低土壤水分的蒸发，使作物建成良好的根系系统，获得持续性的高产。相对于长期浅旋耕或免耕，深松或深翻耕作可以显著降低土壤容重和土壤穿透阻力，提高土壤含水量，疏松紧实的犁底层，增加了犁底层以下（30~50厘米）的土壤含水量。深松可增加土壤的有效蓄水量，在玉米苗期和生育后期更为明显，相对含水量可增加2%，蓄水量可增加12~31毫米，对玉米苗期生长和后期灌浆极为有利。在具有阻碍根系伸长的坚硬犁底层的土壤中，低孔隙度限制了水分的移动，深松耕作可以打破阻碍根系生长的犁地层，通过提高水分的入渗与贮存，达到苗期抗渍、中期抗旱、全生育期抗倒伏的"三抗"效应，同时达到水肥互促效应，促进耕层和冠层协同增产。

在生产中，小麦季实施土壤深松，玉米季则推荐清垄种肥同播技术。其技术要点为小麦季采用深松机，实施土壤深松，深松深度30厘米，打破犁底层，降低容重，提高深层土壤含水量。夏玉米播种时，利用旋耕刀在15~20厘米宽播种带进行5~10厘米的浅旋耕作，非播种带秸秆覆盖的半休闲式耕作，利用播种机前置旋耕刀将小麦秸秆推出播种行，实现播种行秸秆量低于8%~10%。玉米采用免耕等行距单粒播种，行距60厘米，

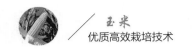

利用机械式或气力式排种器,安置开沟器在 10 厘米播幅内并列开出 2 条种沟,排种器在 2 条种沟间进行交错下种,每行内种子前后落种距离一致,播种深度一般为 3~5 厘米。在小双行间进行 25~30 厘米深松,同时利用深松铲上连接的施肥器进行侧深开沟施肥,深度 10~15 厘米,种肥分离,播种行与施肥行间隔 8 厘米以上,施肥深度在种子下方超过 5 厘米。播种后立即进行双轮压种和覆土镇压,做到深浅一致、行距一致、覆土一致、镇压一致,防止漏播、重播或镇压轮打滑。

三 玉米需肥量

玉米对氮素(N)、磷素(P_2O_5)和钾素(K_2O)的吸收量随产量的提高而增多。一般情况下,玉米一生中吸收的养分以氮素最多,钾素次之,磷素较少(表 2-2)。

表 2-2 不同产量水平夏玉米氮、磷、钾吸收量(综合)

产量水平(千克/亩)	养分吸收量(千克/亩)			$N : P_2O_5 : K_2O$
	N	P_2O_5	K_2O	
400	8.9	2.7	7.8	3.3:1:2.9
500	10.7	3.9	10.0	2.7:1:2.5
600	12.5	5.1	12.2	2.4:1:2.4
700	14.7	5.7	14.3	2.6:1:2.5

1.氮素需求量

玉米在不同生育阶段吸收氮素的规律是受玉米生长发育的特性所制约的。玉米一生中有两个重要阶段吸氮最多,那就是拔节期至大喇叭口期和吐丝期至籽粒建成期。从拔节期至籽粒建成期,玉米吸氮量占总吸收量的 80% 以上。拔节期以后每日吸收强度逐渐增多,以抽雄前 10 天至抽雄后 20 天期间最大,表明了高产玉米要重施大喇叭口肥。玉米吸收氮素的特点是穗期最多,粒期其次,苗期较少。

随着玉米产量的提高,玉米的吸氮量增加,两者呈极显著正相关。玉米产量为 300~400 千克/亩时，吸氮量为 8~12 千克/亩；玉米产量为500~600 千克/亩时，吸氮量为 11~15 千克/亩；玉米产量为 700~900 千克/亩时，吸氮量为 15~18 千克/亩。因此，必须增加氮肥的施入量，才能发挥品种特性，获得高产。

2.磷素需求量

玉米在不同生育阶段吸收磷素的规律与氮素类似，但也有差异。玉米一生中有两个重要阶段吸磷最多——拔节期至大喇叭口期和灌浆中期。磷的后期吸收高峰比氮素推迟。抽雄前磷吸收累积量占总吸收量的 36.98%，抽雄后约占 63.02%。磷日吸收强度在玉米拔节以后逐渐增多，大喇叭口期达第一吸收高峰，以籽粒建成期到灌浆中期达第二高峰，且日吸收量达到最大。

随着玉米产量的提高，玉米的吸磷量增加，两者呈极显著正相关。玉米产量 300~400 千克/亩时，吸磷量为 3~5 千克/亩；玉米产量 500~600 千克/亩时，吸磷量为 4~6 千克/亩；玉米产量 700~900 千克/亩时，吸磷量为 5~9 千克/亩。

3.钾素需求量

玉米在不同生育阶段吸收钾素的规律与氮、磷有差异。从各个阶段的吸收量来看，玉米一生中拔节期至大喇叭口期吸钾最多，占植株总吸收量的 71.62%，到抽雄期已吸收了总量的 86.54%。日吸收强度呈单峰曲线，拔节期以后逐渐增多，到大喇叭口期达最高点，之后下降，至灌浆末期不再吸收。

玉米吸收钾的多少与植株吸收特点和产量关系十分密切。随着玉米产量的提高，玉米的吸钾量增加，两者呈极显著正相关。玉米产量 300~400 千克/亩时，吸钾量为 6~10 千克/亩；玉米产量 500~600 千克/亩时，吸钾量为 10~19 千克/亩；玉米产量 700~900 千克/亩时，吸钾量为 17~30 千

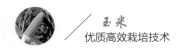

克/亩。

4.中微量元素需求量

除氮、磷、钾之外,玉米生长还需要钙、镁和硫等中量元素,以及锌、锰、铜、钼、铁、硼等微量元素。

(四) 玉米合理施肥的原则

在施肥时,既要满足玉米高产对养分的需求,又要提高肥效;既要充分利用和挖掘土壤供肥潜力,又要基本维持土壤养分平衡。这就要求既要基本按照"平衡施肥"的原则,又要根据土壤中不同养分的供应能力和土壤养分的平衡情况,以及气候、灌溉条件等因素加以适当修正。在生产中,应当贯彻以下几条具体的原则。

1.有机肥和无机肥并重

有机肥是一种完全肥料,含有玉米生长发育所必需的各种营养元素。有机肥还可减少土壤中养分的固定,提高化肥的肥效;调节土壤理化性状,提高土壤肥力,改善玉米的根际营养,维持农田持续高产。有机肥中的养分释放缓慢,当季利用率低,因而应配施速效性化肥。有机肥和无机肥配合施用,增产效果常比单施好,比如:将厩肥、堆肥与钙、镁、磷肥混合,由于堆肥发酵产生各种有机酸,可促使钙、镁、磷肥中的磷溶解;将过磷酸钙与堆肥、厩肥混合施用,可减少磷肥与土壤的接触面,避免磷酸固定。

2.氮、磷、钾肥及微肥配合施用

根据各必需营养元素的同等重要作用和元素之间的协同互作规律,施肥时应当配方合理,根据玉米需肥规律和地力条件,平衡施肥。调研结果表明,盲目施肥现象普遍存在。有的地方多年来大量施用磷酸二铵,土壤中的磷素出现明显积累,施用磷肥的效益明显降低,同时中、微量元素缺乏越来越明显,具体表现为普遍缺锌。

3.根据玉米需肥特性和肥料特点施肥

要根据玉米需要的元素种类、需要时期、需要强度进行施肥。玉米苗期对缺磷特别敏感,磷在土壤中的移动速度较慢,因而磷肥要作为基肥或种肥,分层施用增产效果更好。玉米各生育时期都需氮肥,大喇叭口期至抽雄期和授粉至乳熟期为需要高峰期,并且氮肥易流失,因此要多次分期施用氮肥,追肥的重点是大喇叭口期。

4.根据玉米计划产量及土壤养分丰缺施用肥料

测土平衡施肥是根据玉米需肥规律和土壤供肥情况以及肥料效应,科学确定各种营养元素的配比,定量、定时合理施肥,在保证玉米高产的同时提高肥料利用率,提高经济效益。

合理施肥应做到减少肥料损失,提高肥料利用率,保持土壤内部养分收支平衡,实现农业的可持续发展,并能使玉米连续不断地得到所需要的营养,获得最佳经济效果或最高产量。全国农业技术推广服务中心肥料处针对玉米施肥存在的问题,提出当前玉米高产高效施肥的几点原则。

(1)增施有机肥,推广秸秆还田,提高土壤肥力。玉米是高产作物,对土壤肥力的供应特性有特殊要求。有机肥的投入量一般不应低于3000千克/亩。大力积造秸秆肥,提高秸秆还田的数量,推广秸秆快速腐熟生物发酵技术,积极推广秸秆覆盖和畜禽粪便堆沤或过腹还田。

(2)稳定氮肥用量,合理调整施肥时期和方法,提高氮肥利用效率。夏玉米要施好追肥,在亩单产能达到500千克以上的高产田,施氮量应控制在8~12千克/亩,最高不要超过15千克/亩。亩单产300~500千克的中产田,施氮量应控制在7~10千克/亩,最高不要超过12千克/亩。在氮肥追肥时期及比例上,应注重拔节肥、孕穗肥和粒肥。夏玉米出苗定植后,应及早追40%的氮肥及全部微肥,其余的60%应在玉米小喇叭口期追施,

并且采用化肥深施技术进行追肥。

（3）调控磷肥用量，确定合理的氮、磷比例。高产田适宜的磷肥用量为4~6千克/亩，中产田为4~5千克/亩。夏玉米可以在玉米播种时随氮肥一起或在上季小麦播种时一并考虑两季作物所需要的磷肥用量。磷肥施用应强调"深施、早施、适量"的原则。

（4）全面增施钾肥。玉米种植区土壤缺钾面积不断扩大，仅施用有机肥和秸秆还田难以满足玉米生长对钾的需要。高产田适宜的钾肥用量为4~8千克/亩，中产田为4~6千克/亩。

（5）补施中、微量元素肥料。由于玉米品种的改进、耕作制度的改革、施肥结构及施肥数量的变化，土壤养分状况也发生了较大变化，中、微量元素的缺乏症状越来越明显，玉米缺锌症状已经大面积出现。因此，要重视中、微量元素，特别是锌肥的施用，在玉米浸种、包衣及追肥或叶面喷施时配施微肥。

（6）推广平衡施肥技术，施用玉米专用肥。提高肥料利用率，保证玉米高产稳产，降低生产成本，提高玉米生产效益。

五 平衡施肥技术

1.施肥量

大量研究表明，在一定范围内，玉米产量是随着施肥量的增加而提高的。当前，大面积生产中施肥量不足、肥料利用率低是限制玉米产量提高的重要因素。在生产中，按玉米目标产量计算施肥量，同时根据土壤肥力状况适当调整，确定施肥量。如玉米目标亩产量为500~600千克，根据当前土壤肥力中等和秸秆全量还田的现状，大部分田块建议亩施纯氮肥15~18千克、磷肥5~6千克、钾肥10~12千克，并增施硫酸锌1千克。在当前小麦秸秆全量还田的条件下，为避免秸秆腐熟时与玉米产生苗期争氮,同时为防止玉米后期早衰,氮肥应基肥重施,即磷肥、钾肥、硫酸锌和50%~70%的氮基施,其余的氮在大喇叭口期(10~12片展开叶)追施。

2.施肥技术

在制订玉米施肥技术时,要考虑玉米需肥特性、土质、气候、土壤肥力和肥料种类等因素。根据玉米前期吸收钾、磷较多,后期吸收氮素较多的特性,钾、磷宜作基肥施用,氮肥分次施用。

(1)基肥。播种时随种子、种肥同播机施入,为壮苗和足打好基础。一般基施氮、磷、钾三元素复合肥(15:15:15)40~50千克/亩,根据肥料养分含量略有调整。

(2)穗肥。小喇叭口期至抽雄前所追的肥料(以大喇叭口期为中心),是促进穗大粒多的关键肥料。穗肥又分为攻秆肥和攻穗肥。攻秆肥为播种后20~25天,即拔节期追施尿素10~15千克/亩;攻穗肥为播种后45天左右(大喇叭口孕穗期,第11~12片叶展开),追施尿素15~20千克/亩。或者在播种后40~45天,玉米大喇叭口期一次性施尿素25~30千克/亩。施肥时,隔行机械开沟追施或人工沿玉米行间撒施,不能距植株太近和成片撒施,以免伤根和烧叶,施肥部位以离植株12~15厘米为宜。

(3)粒肥。抽雄以后追施的肥料(一般在抽雄期至开花期施用),可促粒多、粒重,是春玉米丰产的重要环节。对夏玉米来说,如前期施肥较多,后期玉米生长正常,可不施粒肥。一般视墒情和苗情追施尿素5~10千克/亩。

3.玉米专用缓释复混肥的应用

玉米专用缓释复混肥是一种按照玉米生育期中对氮、磷、钾及微量元素的需要,采用缓释控技术制作的复混性肥料,具有养分含量高、配比合理、肥效长、使用方便、增产效果明显等优点。同时,肥料中的有机质和生物菌可以改善土壤。其肥效时间长,最长可达到120天,玉米生育期不需

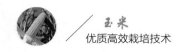

要追肥,施肥一次就能满足玉米全生育期对养分的需求,能够减少养分损失,增加养分的利用率。此外,一次性施入也可以节省用工。专用缓释复混肥作基肥施入时,需要与种子间隔6~8厘米,避免造成肥害影响出苗,另外使用时应根据土壤类型选择专用的种类。

▶ 第四节 玉米水分管理

一 水分需求量

玉米是需水较多的作物,除苗期应适当控水蹲苗外,拔节期至成熟期玉米生长都不能缺水。玉米全生育期耗水量419~448毫米。每生产1克干物质所消耗水的克数为蒸腾系数,玉米的蒸腾系数一般在240~368。每生产1千克籽粒约耗水600千克。玉米各生育期需水量及土壤适宜持水量见表2-3。

表 2-3 玉米各生育期需水量及土壤适宜持水量

生育时期	占总需水量(%)	平均每天需水量（米³/亩）	土壤持水量	
			40%时减产	适宜范围
播种—出苗	3.1～6.1	—	—	70%
出苗—拔节	15～17	1.9～2.5	15%	60%
拔节—抽雄	23～29	2.9～3.5	4%	70%～75%
抽雄—灌浆	14～29	3.3～3.4	38%	75%～80%
灌浆—成熟	19～31	2～3	8%～12%	70%～75%

可见,玉米苗期需水量较少,适当干旱(蹲苗)有增产作用,一般无须浇水;玉米穗期需水量较多,但干旱减产不明显,因为其生殖器官保水能力较强,而抽雄期若遇旱则减产明显,特别是"卡脖旱"影响结实和产量最为显著。抽雄前10天至抽雄后15天玉米需水量达一生高峰,缺水减

产最多。灌浆期至成熟期玉米需水量逐渐减少,缺水也会减产,其原因是缺水减少了穗粒重,因此后期也应保证水分供应充足。

安徽省玉米产区降雨量能满足玉米对水分的需求,但由于降雨时空分布不均,常造成苗期涝渍灾害或孕穗期"卡脖旱"。

二 玉米涝渍

1.涝渍对玉米生育与产量的影响

由于夏玉米生育期间正值多雨季节,涝渍常常成灾。玉米种子萌发后,涝渍发生得越早,淹水时间越长,淹水越深,受害越重(图2-5)。据山东省农业科学院气象研究室试验,夏玉米苗期当土壤耕层绝对含水量大于23%或土壤相对持水量高于90%,持续3天以上就会发生涝渍症状(图2-6)。

图2-5　苗期涝渍危害(1)　　　　图2-6　苗期涝渍危害(2)

张廷珠等人的研究表明,直播夏玉米苗期田间发生涝渍,导致产量大幅度降低,受涝后穗数减少,果穗变小,秃尖增加,穗粒数和千粒重降低。2~3叶期涝渍对产量影响最大,减产达77%;3~6叶期减产46%~51%;8~9叶期减产达37%。

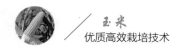

2.减轻涝渍灾害的措施

（1）力争抢墒抢时机直播。玉米苗期抗涝渍能力弱，适当早播，使之在梅雨季节来临之前进入拔节期，可以大大提高玉米自身的抗涝渍能力。

（2）推广畦作种植。大力推广畦作种植，可以及时排除积水，使根系在通气条件较好的土壤中生长，有良好的防涝效果。

（3）推广机开沟技术。田间应疏通腰沟、围沟、畦沟，做到"三沟"配套，防止苗期涝渍。如遇暴雨积水，要及时清沟沥水，防芽涝和苗涝。

（4）及时适量追施速效氮肥。涝渍导致土壤养分流失严重，根系活力降低，吸肥能力差，苗势弱。田间明水排干后要及时追（撒）施氮肥，每次追施尿素 5 千克/亩，也可以叶面喷肥，提高植株抗逆能力。

三 合理灌溉

玉米生长季正值雨季，在降雨多且时空分布均匀的地区有时无须灌水。但多数情况下，降雨时空分布不均衡，发生阶段性干旱，如"卡脖旱"，对玉米生长造成极大影响。研究表明，玉米在开花期对干旱反应最敏感，这一时期发生干旱对产量影响最大；其次是孕穗期和拔节期。

1.播种水

土壤水分状况是影响玉米出苗的重要条件之一。夏玉米播后墒情不足应补浇"蒙头水"，是保证苗全、苗齐、苗匀、苗壮，提高群体整齐度，获得高产的重要措施。

2.拔节孕穗水

玉米大喇叭口期茎叶生长旺盛，雌穗进入小花分化期，对水分反应敏感。适时灌水可以促进气生根大量发生，减少雌穗小花退化，缩短雌雄花出现间隔，利于授粉，提高结实率。

3.抽雄开花水

抽雄开花期是玉米需水临界期,缺水导致花粉寿命缩短,有效花粉数量减少,雌穗吐丝延迟,花粉活力降低,籽粒败育,减产严重。此期遇旱应浇大水、浇透水,以有利受精、增加穗粒数。

▶ 第五节　玉米收获与贮藏

一 籽粒玉米成熟标准

安徽省玉米生产中,早收问题非常突出。进入9月份以后,玉米苞叶陆续变黄,籽粒上部逐渐变硬,许多农户误以为玉米成熟,便开始收获。其实,玉米苞叶开始变黄并不代表玉米已经真正完全成熟,其千粒重仍在以3.5克/日的速度增加。早收玉米籽粒不饱满,含水量较高,容重低,商品品质差。每年因玉米提早收获造成玉米减产至少10%,相当于中产田块每年少收玉米50千克/亩,高产田块少收玉米75千克/亩。

玉米适当晚收,可使茎秆中残留的养分继续向籽粒中输送,充分发挥后熟作用,增加产量,提高质量,改善品质。玉米在授粉后40天到完熟前,每晚收1天,每亩可增产5千克玉米;推迟10天收,每亩可以多打百斤粮。

玉米完全成熟的标志主要有果穗苞叶变干、蓬松,呈黄白色;籽粒变硬,灌浆线消失;籽粒呈现固有的颜色和特征;籽粒根部黑色层形成(图2-7、图2-8、图2-9)。玉米授粉后30天左右,籽粒顶部的胚乳组织开始硬化,与下部多汁胚乳部分形成横向界面层,即乳线。授粉后50天左右,果穗下部籽粒乳线消失,籽粒含水量降到30%以下。玉米完熟期叶片变黄,果穗苞叶变干、蓬松,呈白色。籽粒整体变硬,并呈现本品种所固有

的粒型和颜色；玉米籽粒乳线消失。将玉米棒从中间掰断，看籽粒中间有没有黄白色的交界线，若有，则玉米处于蜡熟期；若无，才是完熟期。玉米籽粒脱下后，把籽粒底部的花梗去掉，若有黑色层，表示玉米已成熟。在完熟期，玉米收获一般增产10%左右。

图 2-7　完熟期玉米(1)

图 2-8　完熟期玉米(2)

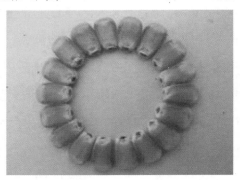

图 2-9　完熟期玉米(3)

　　安徽省夏玉米因播种期不同，各地玉米进入完全成熟期的时间也有所不同。淮河以南地区一般在9月下旬，淮河以北地区要到9月底或10月初玉米才完全成熟。因此，淮河以南地区玉米应在9月下旬收获，淮河以北地区应当在9月底或10月初收获。

　　在玉米完熟期，采取机械摘穗（图2-10）或籽粒机收（图2-11），秸秆粉碎还田。安徽省玉米收获时大部分籽粒含水量偏高（大于28%），玉米收获机械作业只可完成摘穗、集箱和秸秆还田等作业。若采取籽粒机收，须推迟收获期，让玉米在田间脱水到含水量 28% 以下。武文明等人研究表明，淮北平原地区若播期为 6 月 5 日—10 日，并在此期间种植中熟品种，10 月 5 日前玉米的籽粒含水率均可降至 28% 以下，达到丰产与籽粒直收标准；若播期推迟至 6 月 15 日—20 日，收获期为 10 月 10 日前，籽粒含水率可降至 28%，达到籽粒机收标准。

图 2-10 机收果穗

图 2-11 籽粒机收

二 青贮玉米成熟标准

青贮玉米的适期收获，一般遵循产量和质量均达到最佳的原则，同时考虑品种、气候条件等差异对收割期的影响。收割的最佳时期为乳熟末期至蜡熟初期，全株含水量以 65%~70% 为宜，干物质含量达到 30%，乳线下移到距籽粒顶部 1/2~3/4。此时整株营养含量最高，纤维品质最优。过早收获，不仅鲜重产量不高，而且过分鲜嫩的植株由于含水量高，难以满足乳酸菌发酵所需的条件，不利于青贮发酵；过晚收获，玉米植株由于黄叶比例增加，含水量降低，也不利于青贮发酵。

三 鲜食玉米成熟标准

鲜食玉米受粉至成熟历时天数受品种和气温因素的影响，差异较大，

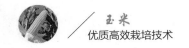

一般开花授粉后 22~30 天即可收获。可以把花丝发枯转成深褐色作为适期采收的标志;也可用手指甲掐籽粒,如果籽粒顶部已变硬,但仍能掐出汁液时,即可采收。

春播情况下,采收期正值高温季节,适宜的采收期很短;在秋播情况下,采收期正值凉爽季节,适宜的采收期较长。安徽省沿江地区利用蔬菜大棚的闲置时期,在 1 月底至 3 月初育苗,结合地膜移栽,鲜穗可在 5 月中旬至 6 月下旬提早成熟上市。

鲜食玉米还应注意保鲜,短期保鲜应注意不要剥去苞叶,运输途中尽可能摊开、晾开,降低温度,可延长保鲜时间。

第三章 玉米高效栽培模式

▶ 第一节 玉米–大豆带状复合种植模式

一 模式简介

　　玉米–大豆带状复合种植模式是传统套种技术的创新发展，由纯单作改为高低作物复合套种（图3–1），充分发挥玉米的边行效应，实现玉米在单位面积基本不减产的情况下，多增加一茬大豆的收入。该复合种植模式集成了品种配置、种植密度、水肥调控、病虫防治等关键技术，是实现玉米–大豆作物增收效益的一种新的生产方式。

图 3–1　玉米–大豆带状复合种植

该种植模式具有高产出、可持续、机械化、低风险等技术优势,集"种养结合、合理轮作和绿色增效"为一体,特别是品种选择、种管收全程实现了良种、良法机械化配套,为新型经营主体规模化种植粮食作物提供了绿色、高效的种植方案。

二 技术要点

1.种植方式

这种双收种植模式主要采用 4 行小株距密植玉米带和 6 行大豆间作种植的方式,实现作物间和谐共生。一个玉米带与一个大豆带形成一个带状复合种植体,在具体进行设置时,要对带宽、行距、间距、行数以及株距等相关参数进行严格控制。对于带宽,一般将其宽度设置在 2.4 米。对于行距,高秆作物玉米的行距控制在 60 厘米;大豆作为低位作物,为避免玉米对大豆带来的荫蔽影响,行距要在玉米行数的基础上有所增加,一般行数控制在 6 行,行距控制在 40 厘米,具体增加情况还要根据气候条件、品种类型以及机具大小进行确定。对于间距,若距离过大,会浪费土地资源,影响大豆根系吸收补偿效应;若距离过小,会加大作物土地竞争矛盾,制约大豆生长发育和生产产量。为避免这种情况出现,要将二者的间距控制在 60~70 厘米,在保证大豆苗壮生长的同时,为机械作业提供便利。

2.品种选择

玉米–大豆带状复合种植时,为保证植物的生长质量,必须选择优良品种进行种植。具体种植时,因光照环境与低位作物生产质量和产量有着直接的关系,所以在选择大豆品种时,要尽量选择产量高、耐荫抗倒、抗密集能力强的品种,确保成熟期的单株有效荚数不低于该品种单作荚数的 50%,单株粒重 10 克以上,粒数在 50 粒左右,以确保其满足光照和空间需求。在对玉米品种进行选择时,要选择边际优势突出,对该种种植方式具有较强适应性,株型紧凑、高产、抗倒能力强、宜机收的品种,确保其穗上部叶片与主茎的夹角在 22°左右, 株高 260~280 厘米, 穗高 95~115厘米,生育期最大叶面积指数为 4.6~6.0,以确保其与大豆协同发展。具体品种的选择, 要根据当地种植条件和气候环境等外在因素进行,确保其生产质量和产量。

3.适期早播

在保证品种质量后, 为提高大豆产量和生长质量,需遵循适期播种的原则。在前茬作物收获后,安徽省播种大豆的时间一般为每年 6 月中下旬,具体时间要根据气候条件来确定,既要运用前期空间所带来的便利,又要发挥光热资源的优势, 使处于低位的大豆幼苗能够快速吸收营养和光照,提高生长速率和耐荫能力,强化幼苗的存活率。播种前,要做好种子挑选和晒种工作,剔除有破损、病害、霉变的种子,确保所播种的种子颗粒饱满。挑选结束后,将种子放在太阳下晾晒 3~4 小时,提高种子的发芽率。为提高种子的病虫害抵抗力,需进行包衣和拌种。每 5 千克大豆种用巧拌或高巧悬浮种衣剂 60 毫升直接拌种,做好播种前准备工作。

安徽省玉米播种时间一般为每年 6 月上中旬,适期早播,要把控播种的深度。玉米播种深度需控制在 3~5 厘米;大豆宜浅播,深度需控制在 3厘米,以提高二者播种质量。

4.施肥管理

在玉米、大豆进行播种前,要做好深翻整地工作,对土壤墒情进行调整。在保证土壤疏松度满足种植要求后,根据前茬作物和土壤成分等实际情况,进行施肥播种。施肥时,要遵循减量、协同、高效、环保的原则,在满足玉米需求的同时,兼顾大豆所需要的氮、磷、钾肥,实现"一施两用"的效果。在对玉米施底肥时,由于该种种植方式的主要优势是根瘤固氮,所以为保证大豆结瘤效果,除按照单作玉米施肥标准进行施肥外,还要

根据当地土壤根瘤菌的实际情况,施用适量的生物菌肥。具体施肥时,玉米每亩用高氮缓控释肥(含氮量高于28%)50~70千克,应注意单株施肥量不少于净作;大豆每亩施用低氮缓控释肥(含量不超过15%)15~20千克。在玉米带两侧15~20厘米处开沟,大豆带内行间开沟,借助玉米、大豆带状间作施肥播种机,对其分别施肥。

5.水肥管理

根据玉米的生长情况,结合气候条件和土壤墒情,对长势较弱的地块进行灌溉和追肥,及时补充水分和营养成分,达到增产的目的。具体追肥时,要在玉米两侧15~25厘米处追施尿素10~15千克,大豆不需要追施氮肥,可适当追施磷肥和钾肥,但追肥量不宜过多。施肥的位置主要在种子侧面5~7厘米处。在此追肥阶段,要绝对禁止将肥料混入灌溉水中,否则大豆会因吸收过多氮肥而出现大量花荚脱落,甚至造成植株倒伏的情况发生,这会对大豆产量造成严重影响。

6.田间管理

在玉米的生长过程中,为避免植株过多影响光照的情况,要及时去除无效株和无效果穗,确保一株一穗,减少争肥争水的情况,保证田间通风透光,最大化地提高植株个体增产性能。对于出现的杂草,如果没有及时处理,杂草会与大豆和玉米抢夺营养物质和水分,造成作物植株矮小,影响作物生长质量。

播后芽前用96%精异丙甲草胺乳油(金都尔)(80~100毫升/亩),如阔叶草较多,可混加草铵磷(80~120克/亩)进行封闭除草。苗后用玉米、大豆专用除草剂定向除草(通过物理隔帘将玉米、大豆隔开施药),比如玉米用75%噻吩磺隆(0.7~1克/亩),大豆用25%氟磺胺草醚水剂(80~100克/亩)或15%精喹禾灵+25%氟磺胺草醚(20毫升/亩+18克型1套/亩)。

7.病虫害防治

注意玉米螟、纹枯病等病虫害防治,采用物理、生物与化学防治相结合的方式,利用智能 LED 集成波段杀虫灯和性诱器诱杀害虫,并结合无人机统防病虫害 3 次,防治时间为玉米苗后 3~4 叶、玉米大喇叭口期至抽雄期、大豆结荚至鼓粒期。采用"杀菌剂、杀虫剂、增效剂、调节剂、微肥"五合一套餐制施药,比如在大豆结荚至鼓粒期,每亩用 500 克/升甲基硫菌灵 100 毫升、2.5%高效氯氟氰菊酯 25 毫升,以及 12%甲维·虫螨腈 40 毫升,兑水 40~50 千克喷施。

8.适期收获

在收获大豆与玉米时,要对收获期进行严格控制。当玉米植株苞叶变黄而松散、籽粒变硬、乳线基本消失、籽粒基部黑层出现时即可收获,以保证玉米的质量与商品性能;当大豆叶黄、豆叶正常脱落、豆荚毛黄时,方可收获。玉米、大豆的机械收获有玉米先收、大豆先收和玉米、大豆同时收三种模式。黄淮海地区主要适用后两种模式。大豆、玉米同时收模式有两种形式:一是采用当地生产上常用的玉米和大豆机型,一前一后同时收获玉米和大豆;二是对青贮玉米和青贮大豆采用青贮收获机同时收获、粉碎。在具体收获前,要根据作物的倒伏程度、种植密度和行距等情况,制订完善的作业计划,选择合适的收获机具,避免出现损害大豆作物的情况。在作物收获后,要根据实际情况,对其进行烘干晾晒,避免出现发霉的情况,也为后续储存工作夯实基础,保证玉米和大豆的商品性能。

▶ 第二节　鲜食玉米均衡上市高效种植模式

针对江淮之间或城市远郊设施农业发展等生产实际,为进一步创新玉米生产种植模式,促进乡村产业发展和农民增收,现介绍以下四种鲜

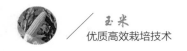

食玉米高效种植模式。

一 沿江地区设施栽培鲜食玉米＋毛豆＋芦蒿一年三熟种植模式

该种植模式的优点是充分利用蔬菜设施大棚等现有的资源条件,鲜食玉米上市时间较早,价格优势明显,综合效益较高。

1.品种选择

选择早熟大穗的甜玉米、糯玉米或甜糯玉米品种,力争早上市。主要是选择适宜当地种植的国审或省审鲜食玉米品种。

2.育苗时间

一般在 1 月底或 2 月初进行玉米育苗(图 3-2)。

图 3-2 大棚育苗

3.移栽时间及密度

在地面覆盖地膜,2 月底在设施大棚内打孔移栽,移栽密度 3500 株/亩左右,行距 60 厘米,株距随密度而定(图 3-3)。种植密度因品种和土壤肥力水平而异,掌握早熟品种宜密、晚熟品种宜稀、肥地宜密、瘦地宜稀的原则。甜、糯玉米是由单个隐性基因控制的,生产过程中需要控制纯度,一旦接受其他类型玉米的花粉,就会严重影响其甜、糯风味及品质,需隔离种植,空间隔离一般要求至少 300 米范围内不种其他类型的玉米。

图 3-3　大棚鲜食玉米苗期

4.合理施肥

在当前土壤中等肥力的水平下,亩施总氮量 15 千克,氮、磷、钾比例
3:1:1。基肥一般每亩施有机肥 1000~2000 千克,三元素复合肥(15:15:15)
35 千克左右,尿素 5 千克,基肥氮占氮肥总的 50%;拔节后追施穗肥,
穗肥氮约占总氮量的 50%。

淮河以南地区由于春季雨水较多,为提高地温和减轻涝渍危害,以畦
作种植较好,以 1.2 米宽的凸畦有利于排涝降渍。

5.温度和湿度管理

玉米的适宜生长温度在 10~32℃。如果温度低于 10℃,生长发育停滞
或可能发生冻害;温度高于 32℃,生长发育受阻或可能发生高温热害。
4月上旬以前以保温为主,4月中旬以后, 随着温度升高,逐渐开大大棚
膜,通风降温,使温度保持在 10~32℃,直至完全揭开棚膜为止。

6.病虫害综合防治

苗期及时做好查苗补苗工作,齐苗后喷高效氯氟氰菊酯防治地老虎、
黏虫等。于玉米幼苗可见叶 2~5 叶期(杂草 3~5 叶期)喷施甲基磺草酮类
除草剂进行茎叶除草。可见叶 3~4 叶期间苗,可见叶 6~7 叶期定苗。春播
甜、糯玉米比普通玉米容易产生分蘖,要及时去掉分蘖。拔节后及时追施

穗肥。喇叭口期喷施康宽或虫酰肼防治玉米螟。

7.水分管理

水是玉米进行生命活动需要量最多的物质,是一切生理活动的基础。水与玉米器官建成有密切关系。土壤表层疏松,底墒充足,可促进根系生长,根量大,入土深;相反,土壤表层水分过多,通气状况不良,则抑制根系发育,根量少,入土浅。

水分过多,茎叶生长快,茎嫩秆长,叶薄易披,坚韧性差,容易倒伏。干旱缺水,则抑制玉米正常生长,茎秆矮,叶片小,光合速率低,干物质积累少。水分供应适宜,植株的输导、光合性能正常,生长发育速度适中,利于玉米高产抗倒。

水是影响玉米穗粒数和粒重的重要因素。籽粒形成期间的土壤相对湿度在80%、乳熟期保持在70%~75%才能正常灌浆,土壤相对湿度低于40%时灌浆速度降低。玉米开花前10天到开花后15天为第二需水高峰期。开花期及乳熟期缺水,穗粒数减少,粒重降低,败育粒增多。乳熟期及蜡熟期缺水,主要降低粒重。

8.适时采收

鲜食玉米的采收期很短,适宜采收期为玉米开花授粉后的22~25天。此外,还可以把花丝发枯转成深褐色作为采收适期的标准,或者是用手指甲掐籽粒,若籽粒顶部已变硬,但仍能掐出汁液,即可采收。在春播情况下,采收期正值高温季节,适宜的采收期很短;在秋播情况下,采收期正值凉爽季节,适宜的采收期较长。鲜食玉米还应注意保鲜,短期保鲜应注意不要剥去苞叶,运输途中尽可能摊开、晾开,降低温度,可延长保鲜时间。

二 鲜食玉米一年两季种植模式

该模式的优点是春、秋两季按时种植,栽培方法简单易行;缺点是综合效益相对一般。

1.品种选择

春季选择早熟高产品种,满足春季早上市的需求;秋季选择抗南方锈病的高产品种,满足反季节上市的需求。

2.适时播种

玉米发芽的最适温度是 28~35℃,最低发芽温度为 8~10℃,但一般以地表 5~10 厘米土层温度稳定在 10~12℃时播种比较适宜。安徽省长江以北地区 3 月底土壤温度即可稳定在 10℃以上,因此,春季 3 月底即可播种。地温低、墒情差时,应适当深播,覆土 5~6 厘米;反之则要适当浅播,覆土 3~4 厘米。沙土地要深一些,黏土地则要浅一些。播种后,应及时镇压,尤其是墒情较差、土坷垃较大的地块和沙性土壤,播后镇压更为重要。为避免粗缩病的危害,4 月下旬至 6 月上旬这段时间内不宜种植玉米,如若种植,应加强灰飞虱的防治;秋季最晚的播种期以在霜冻前玉米长到乳熟末期至蜡熟初期为好,最迟应在 7 月底播种完毕。春季可采用育苗移栽、地膜覆盖的方法,提早上市;也可采用分期播种、分期收获的方式,延长采收期。甜、糯玉米应根据上市季节,合理安排播种期。地膜覆盖育苗移栽提早上市技术要点:一是高垄防渍增温技术,即秋季整地起垄,冬季冻垡,防渍增温;二是一垄双行种植,垄底宽 1.2 米,垄面宽 70 厘米以上,垄沟深 30 厘米,便于地膜覆盖;三是适时移栽技术,即大棚育苗,玉米苗 3~4 片叶适宜移栽。

3.适宜密度

播种或移栽密度为 3000~3500 株/亩,行距 0.6 米,株距 32~37 厘米。

4.合理施肥

作业要求同"沿江地区设施栽培鲜食玉米+毛豆+芦蒿一年三熟种植模式"。

5.病虫害综合防治

作业要求同"沿江地区设施栽培鲜食玉米+毛豆+芦蒿一年三熟种植模式"。

6.水分管理

作业要求同"沿江地区设施栽培鲜食玉米+毛豆+芦蒿一年三熟种植模式"。

7.适时采收

作业要求同"沿江地区设施栽培鲜食玉米+毛豆+芦蒿一年三熟种植模式"。

三 鲜食玉米－山芋－蔬菜一年三熟高效种植模式

该模式的优点是栽培方法简单易行,效益较高,鲜食玉米产量达1500千克/亩,山芋产量达3500千克/亩;缺点是套作管理不便。

1.垄作栽培

3月中下旬,采用旋耕起垄机起垄,行距85厘米,垄高30厘米。在垄的外侧播种鲜食玉米,一垄种植一行玉米,隔行种植。

2.种植密度

播种密度为3000株/亩。

3.合理施肥

基肥施复合肥(17:17:17)50千克/亩。

4.适时追肥

在鲜食玉米小喇叭口期至大喇叭口期追施尿素15~20千克/亩。

5.成熟收获

鲜食玉米开花授粉后 22~25 天采收玉米。

（四）设施大棚草莓 + 鲜食玉米种植模式

该模式的优点是充分利用草莓设施大棚等现有的资源条件，优化大棚土壤环境,效益高;缺点是温度和湿度管理难度大。

1.整地起垄

4 月初草莓收获后,整地起垄。

2.玉米育苗

4 月中旬玉米育苗。

3.适时移栽

4 月下旬移栽,行距 0.6 米,株距 37 厘米,移栽密度 3000 株/亩。

4.合理施肥

作业要求同"沿江地区设施栽培鲜食玉米+毛豆+芦蒿一年三熟种植模式"。

5.病虫害综合防治

作业要求同"沿江地区设施栽培鲜食玉米+毛豆+芦蒿一年三熟种植模式"。

6.水分管理

作业要求同"沿江地区设施栽培鲜食玉米+毛豆+芦蒿一年三熟种植模式"。

7.适时采收

作业要求同"沿江地区设施栽培鲜食玉米+毛豆+芦蒿一年三熟种植模式"。

▶ 第三节　鲜食黑糯玉米种植与加工增值模式

一 模式简介

鲜食糯玉米是一种天然的健康营养食品,同时具有生产周期短、经济效益好、节水节肥等优点。黑糯玉米是鲜食糯玉米中最具保健功能的类型,富含的花青素具有抗氧化、降血脂等多种作用。黑糯玉米真空包装果穗具有锁住营养、无添加剂、常温保存、食用方便和常年供应等优点。种植与加工黑糯玉米已经发展成新的特色产业,成为现代农业提质增效的新亮点。

该种模式选用优质黑糯玉米品种,订单生产,计划种植,注意隔离,避免串粉,精量播种,合理密植,科学施肥,绿色防控,适时采收,及时加工,产品增值,农民增收,常年供应,提质增效。

二 技术要点

1.品种选择

选择通过国家审定或省级审定并经过多年广泛种植得到生产检验和市场认可的黑糯玉米品种,如安徽省农业科学院烟草研究所育成的珍珠糯8号系列品种等。

2.订单生产,计划种植

鲜食玉米适宜采收期相对较短。为降低种植风险,提高种植效益,应以销定产,根据市场预期需求或加工需求落实种植面积,实现订单生产,防止盲目跟风大面积种植。根据市场和加工需求,可结合实际灵活采用露地栽培、覆膜栽培、温室大棚设施栽培等种植方式。

3.注意隔离,避免串粉

品质和口感是衡量鲜食黑糯玉米至关重要的指标。为防止串粉,保证黑糯玉米品种固有的品质,必须设置隔离区,可进行空间隔离或时间隔离。空间隔离一般在方圆300米内不能种植其他玉米品种,障碍物隔离种植间隔150米以上,时间隔离则须20天以上。

4.精细整地、播种,确保苗齐、苗全、苗匀、苗壮

选择地势平坦、土层深厚、排水良好的中等肥力以上地块。前茬未使用长残留农药的茬口,不宜在低洼、盐碱地块种植。播前精细整地,根据不同地区的自然气候及土壤条件等确定适宜播期。当5~10厘米地温稳定在10~12℃时,可适时播种。为早上市,可采用覆膜和移栽的方法,覆膜播种可比直播提前1周进行。出苗或移栽的时间以错开当地的终霜为宜。

采用60~70厘米垄上单行种植或120~140厘米大垄双行,垄上小行距40厘米,开好腰沟和围沟,使用"三沟"配套种植方式。足墒精量下种,每穴双粒播种,适宜播深3~5厘米,不应覆土过深,确保苗全、苗齐、苗匀、苗壮。

5.适宜密度,合理密植

鲜食黑糯玉米主要是在乳熟期收获鲜果穗,果穗大小和均匀度、整齐度是影响其等级率、商品性和市场价格的重要因素。因此,种植密度要适宜,春播一般以3500~3800株/亩为宜,夏播一般以每亩3200~3500株/亩为宜,以确保穗大、穗匀,提高商品果穗率。

6.科学肥水,提高品质

根据品种特性和生长发育规律,科学肥水管理,提倡配方施肥。适墒播种,以确保播种和出苗质量,提高群体整齐度。为保证品质,应注重使用有机肥或农家肥以及硫基复合肥。播种时,注意种肥隔离。在小喇叭口期和吐丝期,根据植株长势适量追肥。在生育中期,特别是抽雄散粉前后

20 天内,如存在土壤墒情不足的情况,须及时补水,以保证产量和品质,避免因水肥不足而导致秃尖、瘪粒等严重影响果穗商品品质。

7.绿色防控,绿色品质

选用抗病虫优良品种,同时采用高质量包衣种子,并利用赤眼蜂、Bt菌剂等绿色安全防控技术。严禁使用高毒、高残留农药,尤其是采收前 15天内禁用农药。

8.适时采收,及时加工

黑糯玉米适宜收获期为 50%植株吐丝期后 22~23 天,玉米浆液近似黏糊状,手指一掐,浆液往脸上溅为略早,出水或不出浆都已过了最佳采收期。玉米下棒后应尽量避免在阳光下暴晒,以免脱水影响口感。

9.加工工艺流程

原料验收→剥叶去丝、切头去尾→修整、清洗、分级→装袋→真空封口→高温杀菌→风干、擦袋→检验→装箱入库→成品待售。

(1)原料要求。来自种植基地采收的黑糯玉米,采摘到加工应不超过2 小时,保证营养不流失。

(2)包装材料。真空包装袋应符合《食品安全国家标准 食品接触用塑料材料及制品》(GB 4806.7—2016)的规定。

(3)生产用水。生产用水应符合《生活饮用水卫生标准》(GB 5749—2022)的规定。

(4)车间卫生要求。车间卫生应符合《食品安全国家标准 食品生产通用卫生规范》(GB 14881—2013)和《食品安全国家标准 罐头食品生产卫生规范》(GB 8950—2016)的规定。

(5)工艺控制。一是剥叶去丝、切头去尾,保持鲜食玉米不受损伤,直接剥去苞叶,在剥苞过程中应除净玉米须(图 3-4)。二是修整、清洗。根据客户的要求,将玉米穗的头尾按各产品要求的长度修正,严格控制,保持鲜食玉米外形良好、彻底洗净。

图 3-4　鲜食玉米棒剥皮

（6）装袋。包装袋应保持洁净，将玉米穗大头向下推入袋内，注意清除袋口玉米浆等杂质。真空封口的真空度为 0.08~0.09 兆帕。封口处一定要用手抚平整，检查是否有水、异物和褶皱，如果有，会严重影响封口质量。因此，要严格把关，提高封口质量。一般抽真空的时间为 12~20 秒，封口加热时间为 3~5 秒（图 3-5）。

图 3-5　鲜棒真空包装

（7）高温杀菌。在杀菌前，应检查封口是否完好（图3-6）。果穗与包装袋之间有间隙，用手挤果穗容易产生移动，说明真空作业质量不够，要另作他用。检查完成后，将合格者送入杀菌罐进行高温杀菌（图3-7）。杀菌公式为15′-25′-20′/121℃，即用15分钟的时间，使杀菌罐内温度达到121℃，恒温保持25分钟。在此期间，杀菌罐内压力要保持稳定，否则会产生破袋现象。为防止破袋，要采用反压冷却，并且要使压力高于杀菌压力0.02~0.03兆帕。冷却时间为20分钟，使温度降至40℃。

（8）风干、擦袋。风干后，用干净的棉布，将包装袋表面的水分及污渍擦净，挑出胀袋的产品。

（9）检验。按鲜食玉米的企业标准进行出厂检验，将合格者装箱入库。

图3-6 高温杀菌前进行检查

图3-7 高温杀菌

（10）装箱入库。按规格整齐装入纸箱，封箱口，入库贮存。库房应保持清洁卫生，库温控制在 25℃以下。

（11）成品待售。按照市场需求，成品进入流通领域。

10.经济效益

鲜食玉米平均亩产 3000 穗，真空包装果穗每穗平均按 4.0 元计算，亩产值 12000 元，亩成本 4000 元，亩收益 8000 元。

▶ 第四节　青贮玉米-青贮大麦一年三熟高效种植模式

近年来，随着我国畜牧业的发展和"粮改饲"工作的推进，青贮玉米生产发展较快。在现有的土地资源条件下，通过探索青贮玉米高效栽培模式，不断优化调整农业产业结构意义重大，在保障粮食安全的基础上实现青贮饲料的周年供应，提高农业综合生产能力，确保"藏粮于地、藏粮于技"真正落实到位。

青贮玉米-青贮大麦一年三熟种植模式充分利用土地和光温条件，不仅可以实现青贮大麦、青贮玉米一年三熟，还可以实现青贮牧草高产高效，有效错开劳动力用工高峰期，进一步实践粮经轮作、协调发展的新路子，促进农业生产提质增效、农民增产增收。

一　意义和作用

大麦属一年生禾本科草本植物，经济价值较高，不仅是谷类作物中最古老的栽培作物之一，还因为适应性广、抗逆性强、种植面积大，仅次于水稻、小麦和玉米，单产高于小麦，位居第三位。因栽培地区不同，有冬大麦和春大麦之分，冬大麦主要分布在长江流域和河南等地，其生育期比

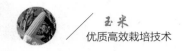

小麦短 7~15 天,同时冬大麦还能适当迟播,这在增加作物复种指数上具有不可忽视的作用。冬大麦比春大麦的耐寒能力强,对盐碱也有一定的抵抗能力。大麦耗地力少,植株密集,杂草比较少,同时也是多种作物的良好前作。在种植大麦后再种植玉米、大豆、马铃薯等,产量要明显增加。

大麦的营养价值与小麦差不多,成熟的籽实可以有很多用途,同时也是良好的精饲料,粗蛋白含量为 12.26%。作为饲料草,青刈期的大麦茎叶繁茂、柔软多汁、营养丰富、适口性好,并含有丰富的维生素、氨基酸等营养物质。在冬春季节,给家畜喂食青绿大麦和大麦芽,不仅可以促进动物的健康发育,还能提高繁育能力,最主要的是秸秆和谷糠都可以作饲料,可以大大地降低精料成本。

大麦再生能力强,能收割 2~3 次,在青刈期和孕穗期收割较为合适,这时产草量最高,草质柔软。收割后要留茬 4~5 厘米,最后一次可以齐地收割,每亩产草量 2500~4000 千克,每亩产干草 700~800 千克,是早春和晚秋的青饲料,在青饲料轮供中占据着重要地位。青刈大麦可以用来喂牛、羊、猪和禽类,喂牛、羊时可以直接整喂,喂猪时可以切碎,或者粉碎后拌精料喂禽类,青刈后可以调制干草或者青贮料,还可以放牧利用。

青贮大麦是一种非常好的青饲料。用大麦含籽粒的青贮料喂养奶牛,奶牛的产奶量每日能增加 30 千克以上,能顶得上 15 千克的精饲料,效益非常高。在养殖过程中,大麦可以有效替代部分玉米和豆饼饲喂畜禽,增加禽肉的脂肪硬度,改善胴体品质,有效解决冬春饲料缺口。

（二）青贮玉米 – 青贮大麦一年三熟优势

1.高产高效

常规青贮玉米–青贮小麦模式每亩纯收益 3890 元,与常规青贮玉米–青贮小麦模式相比,青贮玉米–青贮大麦一年三熟生产模式每年每亩可生产 10 吨以上的青贮原料,每亩产值 4566 元以上,每亩纯收益 1350 元,每亩增加经济效益 676 元,增收 17.4%。

2.节本增效

通过种植不同熟期的青贮大麦和青贮玉米品种,可以有效提高复种指数,同时提高青贮收获和打包机的使用效率,可以把青贮收获机械使用时间从每年 2 个月增加到每年 6 个月,提高了机械使用效率,降低收获成本。

3.饲料保障周年供应

青贮大麦收获时正是青饲料相对短缺的时期,一年三熟可以调节青贮饲料的周年供给,保证了反刍家畜青绿饲料全年供应的稳定性。

4.青贮品质更优

大麦绿苗含有的营养成分和微量元素比较齐全。据相关研究,大麦青稞绿色植株含粗蛋白质 4.6%,青贮玉米仅含 2.3%;其粗脂肪含量、粗纤维的消化率也比较高,可以达 39% 和 54%,远高于苜蓿,品质也优于青贮玉米,营养成分与优质饲草苜蓿基本相当,且具有很好的适口性和饲用价值。

三 技术要点

青贮玉米–青贮大麦轮作的一年三熟高产高效种植模式是利用大麦晚播早收的特性。11 月初种植青贮大麦,至次年 4 月下旬收获;4 月底或 5 月初种植第一茬青贮玉米,至 7 月底或 8 月初收获;8 月上旬种植第二茬青贮玉米,至 11 月初收获,这种种植模式在安徽全省均可采用。

青贮大麦品种可选用多分蘖、繁茂性好、抗病、抗寒、抗倒伏的优质高产品种,沿江地区选用春性品种,如皖饲啤 14008 等,江淮、沿淮地区选

用春性或半冬性品种,如皖饲 0138、皖饲啤 14008、扬饲麦 1 号等;玉米品种选用抗倒、抗病虫、持绿性好、生长期较短、优质高产,且适宜本地种植的青贮或粮饲通用性品种。粮饲通用性品种主要有庐玉 9105、联创 808、中科玉 303、全玉 1233、富诚 796、苏玉 29 等。青贮专用品种有皖农科青贮 6 号、豫青贮 23、郑青贮 1 号、北农青贮 308 等。第二茬玉米在播后 80 天左右进入蜡熟后期。

（四）青贮大麦种植要点

大麦的生育期短,成熟快,产量高,因此要掌握好种植时间。长江以南秋播,长江以北春播,并且要选择生长能力强、抗病性强、产量高的品种。在冬闲地、田边空隙地等地区栽培,以用来满足冬春对青饲料的需求。种植方式主要为条播。秋播后,大麦会迅速出芽,幼苗期要控制好追肥,避免追肥过量导致幼苗生长受阻。

1.适期播种

播前要用多菌灵和氧化乐果拌种,以防黑穗病。10 月 20 日至 11 月 15 日可推迟播种,但要严格控制早播,防止冻害。

2.适量密植

每亩播量 8~10 千克,基本苗 16 万~20 万株,冬前与拔节末期肥水重点管理。

3.配方施肥

除施足底肥(每亩施土杂肥 2~3 立方米,每亩施三元素复合肥(15:15:15)40~50 千克)外,根据苗情在返青拔节期追施尿素 5~10 千克,要精细整地,达到上虚下实无坷垃,播种深度 4~5 厘米。

4.绿色防控

大麦相对于小麦,病虫害发生较少,用药也较少,但青贮大麦由于种植密度相对较高,在干旱年份12月中下旬灌一次越冬水,确保苗期安全越冬。

5.适期收获

青贮大麦一般在大麦乳熟期进行收割利用,青贮大麦收获时间在4月底至5月初,收获时要根据田间长势和天气情况,在雨季来临前及时收割,以免发生倒伏影响收割和产量。

（五）青贮玉米种植要点

一年栽培双季青贮玉米，而且两季都达到乳熟后期至蜡熟期青贮收获标准，需要日平均气温大于10℃（苗期）到收获期大于15℃，约180天。第一季春播出苗至收获生育期需100天左右，第二季夏播出苗至收获生育期需80天左右。

1.品种选择

选择早熟、生育期短、抗倒、抗病性强、持绿性好、品质优良的品种。第一季播种特别要选择抗丝黑穗病和矮花叶病品种，一是因为初春地温低，玉米出苗慢，易感染丝黑穗病，二是因为初春大田绿色植物少，易吸引蚜虫、飞虱等虫害，传播矮花叶病。适宜双季栽培的品种建议选用青贮专用品种，如豫青贮23、北农青贮356、北农青贮208、郑青贮1号等。

2.第一季青贮玉米

（1）播种。大麦收割之后立即整地，土壤墒情差时须灌水后播种。播前整地亩施三元素复合肥（15:15:15）30~40千克；机械裸地直播或机械覆膜播种，可种肥同播，后期计划不追肥田块可播玉米缓释肥50千克，但种肥间隔应在10~15厘米，以防烧苗。播种后，应及时镇压，尤其是墒情较差、土块较大的地块和沙性土壤，播后镇压更为重要。由于春播玉米易感苗枯病和易遭地下害虫危害，种子要求包衣，从而减轻植株发病率和虫

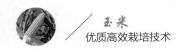

害。种子质量要求发芽率达到90%,播种密度4500~5000株/亩。

(2)田间管理。可地膜覆盖增温,玉米出苗后及时破膜防烧苗,幼苗长出2~3片叶时应用土将放苗时破膜处封严,防止杂草滋生。裸地直播墒情足,玉米播后苗前喷施乙草胺进行封闭除草,或于玉米幼苗可见叶2~5叶期(杂草3~5叶期)喷施甲基磺草酮类除草剂进行茎叶除草。齐苗后喷高效氯氟氰菊酯防治地老虎、黏虫等。3~5叶期喷药防治一次蚜虫和飞虱,预防矮花叶病。大喇叭口期至抽雄前,应施用高效低毒杀虫剂来防治玉米螟、棉铃虫、蚜虫等,亦可用3%辛硫磷颗粒剂1.5千克/亩撒入心叶内防治玉米螟。大喇叭口期追施尿素15~20千克。

(3)收获。4月下旬播种,7月底至8月初收获。青贮玉米最佳收获期应在青贮玉米籽粒发育至蜡熟初期,含水量为65%~70%,乳线下降至籽粒的1/3~1/2。收获过早,含水量高,蛋白质及干物质含量低,影响青贮品质;收获过晚,植株纤维含量增加,适口性差,且含水量低,不易压紧,青贮易发生霉变。

3.第二季青贮玉米

(1)整地播种。第一季青贮玉米收获后,先将地膜及杂草清理干净,然后用秸秆粉碎机将地表上的根茬粉碎后立即贴茬直播。选用种肥同播的精量播种机,单粒播种,播种密度为4500株/亩;播种肥三元素复合肥(15:15:15)30~40千克/亩,后期计划不追肥田块可播玉米缓释肥50千克/亩。

(2)田间管理。播后墒情不足时及时浇水,确保一播全苗。3~5叶期喷洒玉米苗后除草剂防治杂草。4~5叶期喷药防治一次蚜虫和飞虱,大喇叭口期施用高效低毒杀虫剂防治玉米螟、棉铃虫、蚜虫等。底肥未采用缓释肥的,大喇叭口期追施尿素15~20千克/亩。生育期间,遇旱及时灌水。

(3)收获。8月上旬播种,一般11月初收获,具体视籽粒灌浆情况及青贮收获标准在初霜到来之前收获。

第四章 > 玉米常见病虫草害绿色防控

▶ 第一节 玉米常见病害及其防治措施

一 真菌病害

1.玉米大斑病

初期侵染斑为水渍状斑点,成熟病斑呈长梭形,长度一般在5厘米以上。病斑主要有三种类型:一是呈黄褐色,中央呈灰褐色,边缘有较窄的褐色到紫色晕圈,病斑较大,多个病斑常连接成片状枯死,出现在感病品种上。气候潮湿时,病斑上可产生大量灰黑色霉层。二是呈黄褐色或灰绿色,中心呈灰白色,外围有明显的黄色褪绿圈,病斑相对较小,扩展速度较慢,出现在抗病品种上。三是呈紫红色,周围有或无黄色或淡褐色褪绿圈,中心呈灰白色或无,产生在抗性品种上(图4-1)。

病原菌为大斑突脐蠕孢,病原菌可在病残体上越冬,翌年随气流、雨

图4-1 大斑病发病症状

75

水传播到玉米上引起发病。条件适宜时,病斑很快又产生分生孢子,引起再侵染,一般在气温18~27℃、湿度90%以上时易发病流行。种植抗病品种是最好的防治方法,重病田避免秸秆还田,或者和其他作物轮作。在发病初期或大喇叭口期,用250克/升吡唑醚菌酯乳油或者75%肟菌·戊唑醇水分散粒剂喷雾,间隔7~10天,连续施药2次。

2.玉米小斑病

初期侵染斑为水渍状半透明的小斑点,成熟病斑常见有三种类型:一是条形病斑,病斑受叶脉限制,两端呈弧形或长方形,病斑上有时出现轮纹,呈黄褐色或灰褐色,边缘呈深褐色,大小为(2~6)毫米×(3~22)毫米,湿度大时病斑上产生灰色霉层,在某些品种上病斑长度可达70毫米。二是梭形病斑,一般病斑较小,为梭形或椭圆形,呈黄褐色或褐色,大小为(0.6~1.2)毫米×(0.6~1.7)毫米,在有的品种上病斑较大。三是点状病斑,病斑为点状,呈黄褐色,边缘呈紫褐色或深褐色,周围有褪绿晕圈,此类型病斑产生在抗性品种上(图4-2)。

图4-2 小斑病发病症状

病原菌为玉蜀黍离蠕孢。病原菌可在病残体上越冬,翌年随气流、雨水传播到玉米上引起发病,条件适宜时萌发侵染。3~4天病原菌可以完成一个侵染循环,一个生长季可以多次侵染,高温、高湿条件下在短期内可以造成大面积流行。种植抗病品种是最好的防治方法,重病田避免秸秆还田,或者和其他作物轮作。在发病初期或大喇叭口期,用45%代森铵水剂或19%丙环·嘧菌酯悬乳剂喷雾,间隔10~12天,连续施药2次。

3.玉米弯孢叶斑病

初侵染病斑是水渍状褪绿小点,成熟病斑呈圆形或椭圆形,中间有黄白色或灰白色坏死区,边缘呈褐色,外围有褪绿晕圈,似"眼"状。抗病性病斑多为褪绿色点状斑,无中心坏死区,病斑不枯死,病斑较小,一般为(1~2)毫米×(1~2)毫米。感病品种病斑一般为(4~5)毫米×(5~7)毫米,多个病斑相连,呈片状坏死,严重时整个叶片枯死(图4-3)。

图4-3 玉米弯孢叶斑病发病症状

弯孢霉属的多个种均可引起该病害,优势种为新月弯孢。病原菌在病残体上越冬,翌年随气流、风雨传播到玉米上,遇到合适条件萌发侵入。病原菌可在3~4天完成一个侵染循环,一个生长季节可以多次侵染,高温、高湿条件下,可以在短期内造成该病害大面积流行。种植抗病品种是最好的防治方法,健康栽培以提高植株抗病能力。在发病初期或大喇叭口期,用10%世高(苯醚甲环唑)水分散粒剂喷雾,间隔7~10天,连续施药2次。

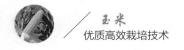

4.玉米褐斑病

初侵染病斑为水渍状褪绿小斑点,成熟病斑中间隆起,内部为褐色粉末状休眠孢子堆。病斑可出现在叶片、叶脉和叶鞘上,叶片上病斑较小,常连片并形成垂直于中脉的病斑区和健康组织相间分布的黄绿条带,这也是区别于其他叶斑病的主要特征(图4-4)。叶鞘、叶脉上的病斑较大,呈红褐色到紫色,边缘清晰,常连片至维管束坏死,随后叶片由于养分无法传输而枯死(图4-5)。

图4-4　玉米褐斑病发病症状(1)　　　图4-5　玉米褐斑病发病症状(2)

病原菌为玉蜀黍节壶菌,以孢子囊在土壤或病残体中越冬,第二年病菌随气流或风雨传播到玉米植株上,遇到适宜条件便萌发并释放大量的游动孢子,侵入玉米幼嫩组织内引起发病。温度23~30℃,相对湿度85%以上,降雨较多的天气,有利于该病害的发生和流行。种植抗病品种是最好的防治方法,改进秸秆还田方法,变直接还田为深翻还田或腐熟还田。也可在玉米5~6叶期用15%粉锈宁可湿性粉剂1000倍液或者10%世高(苯醚甲环唑)水分散粒剂1000倍液喷雾,间隔7~10天,连续施药2次,可以显著降低田间发病率。

5.玉米南方锈病

初侵染病斑为水渍状褪绿小斑点,很快发展成为黄褐色凸起的疱斑,即夏孢子堆。孢子堆开裂后散出金黄色到黄褐色的夏孢子。严重时全株布满夏孢子堆,植株坏死(图4-6)。在抗性品种上,只形成褪绿斑点,不产生夏孢子堆,或夏孢子堆很小。病原菌为多堆柄锈菌,为专性寄生菌,只能寄生在活的玉米组织上,夏孢子离体后存活时间很短。因此,病原菌在南方沿海地区玉米上越冬后,夏孢子随气流远距离传播到内陆玉米上,在合适的温度和湿度条件下萌发侵入,一年内可以多次再侵染。温度26~28℃、相对湿度较高的气候条件,利于该病害的流行。

防治方法为种植抗病品种,合理密植,健康栽培。发病初期可用25%粉锈宁可湿性粉剂1000~1500倍液,97%敌锈钠可湿性粉剂250~300倍液,20%萎锈灵乳剂500倍液等化学药剂喷雾。

图4-6 玉米南方锈病发病症状

6.玉米纹枯病

初侵染病斑为水渍状、椭圆形或不规则形,成熟病斑中央呈灰褐色、黄白色或黑褐色,病斑相连呈现云纹状斑块。病斑可以沿着叶鞘上升至果穗,在苞叶上产生同样病斑,并侵入籽粒、穗轴,导致穗腐。严重时也可通过茎节侵入茎秆,在茎表皮上留下褐色或黑褐色不规则病斑。湿度大时,在病部可见白色絮状霉层,后期可在病部形成黑褐色颗粒状、直径为1~2毫米的菌核。病原菌主要包括立枯丝核菌、禾谷丝核菌、玉蜀黍丝核菌,以立枯丝核菌和玉蜀黍丝核菌为优势病原菌。病原菌以菌丝、菌核状态在土壤中或病残体上越冬,通过风雨、农事操作等传播到寄主叶鞘表

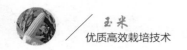

面而发病,病斑上长出的菌丝、孢子和菌核为再侵染源。温度 26~32℃,相对湿度 90%以上,利于该病害流行。

选用耐用品种,用包衣剂或拌种剂,如 ZSB、2.5%适乐时悬浮剂、2%立克秀悬浮种衣剂处理种子有一定的防治效果。重病田严禁秸秆还田。结合中耕除草剥掉基部叶鞘,露出茎秆,可减轻发病。及时排除田间积水。发病初期可在茎基叶鞘上喷施5%井冈霉素水剂或40%菌核净可湿性粉剂 1000~1500 倍液,间隔 7~10天。

7.玉米茎基腐病

玉米茎基腐病是成株期茎基部腐烂病的总称,一般在乳熟后期开始表现症状。大部分病原菌都可引起两种症状类型:青枯型和黄枯型。田间表现何种症状类型是品种、温度和湿度、降雨、病原菌相互作用的结果。青枯型,整株叶片突然失水干枯,呈青灰色,茎基部发黄变褐,内部空松,手可以捏动,根系呈水渍状或红褐色腐烂,果穗下垂。黄枯型,病株叶片从下部开始逐渐变黄枯死,果穗下垂,茎基部变软,内部组织腐烂,维管束丝状游离,褐腐或红腐,根系腐烂破裂,呈粉红色到褐色,根系减少,植株枯死导致籽粒灌浆不满,秃尖增长,粒重下降造成直接产量损失。植株茎节变软,引起倒伏,还可造成更大的间接产量损失。

引起玉米茎基腐病的病原菌有 20 余种,可由一种病原菌单独或几种病原菌复合侵染引起。不同地区间病原菌种类有较大差异,主要有镰孢菌和腐霉菌。腐霉菌茎腐病适宜在潮湿的环境下发生,起病较急,多为青枯型,病株髓部为湿腐,湿度大时有白色霉层。镰孢菌茎腐病在相对干旱的地方容易发生,发病缓慢,多为黄枯型,初期和缺素症、早衰不易区分,病株髓部为干腐,为褐色或红色、紫色。玉米茎基腐病的侵染源为土壤、种子或病残体中的病原菌,全生育期均可从根、茎基部和近地茎节处通过伤口或直接侵入,并在以上各处形成病斑,病原菌在组织内蔓延,最后到达茎基部,堵塞维管束,地上部位因得不到水分和营养而干枯死亡。腐霉菌茎腐病在高温多雨、土壤湿度大的地区容易发生。镰孢菌茎腐病在前期干旱,灌浆后遇雨的气候条件下易大面积发生。由于镰孢菌是小麦、玉米的共同病原菌,同时也是秸秆田间腐烂的主要菌群,因此,小麦–玉米连作区、连续多年秸秆还田或免耕的地块发病较重。目前种植抗病品种是防治的主要手段,防治地下害虫,减少伤口。用包衣剂 ZSB、满适金种衣剂处理种子有一定的防治效果。重病田避免秸秆还田,也可轮作倒茬。

8.玉米瘤黑粉病

在玉米植株的任何地上部位可产生形状各异、大小不一的瘤状物,主要着生在茎秆和雌穗上。典型的瘤状物组织初为绿色或白色,肉质多汁,后逐渐变成灰黑色,有时带紫红色,外表的薄膜破裂后,散出大量的黑色粉末,即病原菌冬孢子(图 4-7)。病原菌为玉蜀黍黑粉菌,在玉米生育期的各个阶段均可直接或通过伤口侵入。病菌以冬孢子在土壤和病残体上越冬, 翌年冬孢子或冬孢子萌发后形成的担孢子和次生担孢子通过风雨、昆虫、农事操作等多种途径传播到玉米上,一个生长季节可多次再侵染。温度在 26~34℃,虫害严重时利于该病害流行。目前没有有效的药剂可以防治该病,种植抗病品种是最好的防治方法。及时防治虫害,减少伤口,及时清除病瘤,带出田间销毁,重病田深翻土壤或实行 2 年

图 4-7　玉米瘤黑粉病发病症状

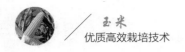
以上轮作。

9.玉米穗腐病

玉米穗腐病又称穗粒腐病，是由多种病原菌单独或复合侵染引起的果穗或籽粒霉烂病的总称。发生症状因病原菌的不同而有差异，主要表现为整个或部分果穗或个别籽粒腐烂，其上可见各色霉层，严重时，穗腐或整穗腐烂。常见的玉米穗腐病主要有五种：一是拟轮枝镰孢菌穗腐病，病粒初期为褐色腐烂，后期籽粒表面被灰白色、粉红色、红色、紫色霉层所覆盖，常在果穗的顶部或围绕穗上蛀虫造成的沟槽生长，严重时整穗腐烂。二是禾谷镰孢菌穗腐病，苞叶上常见红色霉层，籽粒和苞叶紧紧黏附，其间有粉红色到紫色的霉层，严重时穗轴或整穗腐烂，有时苞叶上可见蓝黑色点状子囊壳。三是青霉菌穗腐病，常在穗的尖端发生，籽粒之间遍布灰绿色病原菌的孢子。四是曲霉菌穗腐病，发病部位籽粒表面可见黑色、黄绿色或黄褐色霉层，多在果穗顶端位置或者蛀虫空岛周围。五是木霉菌穗腐病，常整穗腐烂，剥开苞叶，可见籽粒上、籽粒间覆盖着青灰色霉层。

常见病原菌有拟轮枝镰孢菌、禾谷镰孢菌、青霉菌、曲霉菌等。病原菌在种子、病残体或土壤中越冬，翌年随风雨、气流传播到穗上，也可由害虫通过蛀食传播。温度、湿度和伤口是该病害发生的主要因素，其他影响因素有果穗的直立角度，苞叶的长短、松紧程度以及穗期害虫的种类和为害程度等。品种间抗性差异明显，种植抗病品种是首选。健康栽培，适时收获。加强穗期虫害防治工作，减少穗部伤口。

二 细菌病害

1.玉米细菌性顶腐病

这种病害在玉米抽雄前均可发生。其典型症状为心叶呈灰绿色，失水萎蔫枯死,形成枯新苗或丛生苗。叶基部出现水渍状腐烂,病斑呈褐色或黄褐色,不规则腐烂部有或无特殊臭味,有黏液。严重时用手能够拔出整个心叶,轻病株心叶内部微腐烂,随心叶抽出而变为干腐,有时外层坏死叶片紧紧包裹内部叶片,心叶扭曲不能展开,影响抽雄。病原菌目前尚不清楚。病原菌在种子、病残体、土壤中越冬,翌年从植株的气孔、水孔或伤口侵入。高温、高湿有利于该病害流行,害虫或其他原因造成的伤口利于病菌侵入,多出现于雨后或田间灌溉后,低洼或排水不畅的地块发病较重。

防治方法包括及时清除田间病株,集中销毁。重病田轮作倒茬。做好害虫的防治工作,避免造成伤口被细菌侵染。发病初期,可用5%病毒清水剂、72%农用链霉菌可湿性粉剂等药剂对心喷雾(去除喷片)。扭曲心叶需用刀纵向剖开。

2.玉米细菌性茎腐病

这种病害主要发生在玉米生长中期,有时拔节期也会发生。在拔节期,叶片基部会出现严重腐烂,病斑呈黄褐色,不规则,腐烂部位有大量黏液,有时心叶可从中部腐烂处拔出。在玉米吐丝灌浆期,首先在穗位下方的茎秆表面出现水渍状、圆形或不规则形、边缘为红褐色的病斑,病健交界处有明显的水渍状腐烂,发病节位以上的叶片呈灰绿色萎蔫,进一步发展会导致发病茎节组织崩解,茎秆倒折,从腐烂组织中溢出大量腐臭的菌液。病原菌为玉米迪基氏菌,病菌可在植株病残体、种子上越冬,成为翌年病害发生的初侵染源。病菌通过风雨传播,从茎秆表面的气孔、水孔、伤口侵入,在一定条件下引起茎腐病。发病植株倒折,直接将病残体遗留在田间。选用抗病性强的品种,病害发生初期,可在茎秆发病部位喷施4%嘧啶核苷类抗生素水剂等杀细菌药剂,发病严重植株应及时拔除。

3.玉米细菌性穗腐病

本病可以导致果穗中单一籽粒或连片籽粒腐烂,发病籽粒颜色变深,

由于籽粒营养物质被细菌快速利用,因此发病籽粒皱缩、凹陷,并腐烂散发臭味,细菌性穗腐病的发生常与害虫取食有关。多数引起细菌穗腐病的细菌属于条件致病菌,包括嗜麦芽寡养单胞菌,该菌能够在土壤、水流中存活,不属于专性植物致病菌,仅在玉米籽粒有伤口时,直接定殖在籽粒中并因利用淀粉和糖分而引起穗腐病。通过防治害虫、保护果穗可以减轻病害。

三 病毒和线虫病害

1.玉米矮花叶病

病毒感染后,新长出的叶片出现花叶症状,而已经完成生长的叶片不会表现症状。所以,花叶症状先在最幼嫩的心叶出现,整体褪绿的叶肉中间夹着不褪绿的椭圆形或长条形、不规则、断续排列的小斑点,形成"绿岛"。有的品种上褪绿部分可连片,沿叶脉方向呈条带分布,形成明显的黄绿相间的条纹症状。6叶前感病,病株多细弱、矮小,黄化明显,发育延迟,后期穗小,籽粒干瘪不饱满,严重的不能抽穗并枯死。拔节期后感病,植株矮化不明显,但果穗瘦小。在遇高温时,病株症状常消退或变得不明显,即高温隐症现象。

病原菌为甘蔗花叶病毒,病毒在玉米或其他寄主上越冬,种子可带病毒,是病毒远距离传播的主要途径。病毒通过蚜虫以非持久性的方式或汁液摩擦传播。苗期蚜虫发生早晚及种群数量与病害流行关系密切。温度是该病害流行的关键因素,22~25℃利于该病害流行。

防治方法首选种植抗病品种,品种间抗性差异显著。适期播种,使玉米苗期避开蚜虫发生高峰期。用锐性、锐劲特种衣剂包衣。苗期使用吡虫啉、吡蚜酮、阿维菌素等化学药剂喷雾防治蚜虫,压低传毒介体数量。保持田园清洁,及早除草,破坏蚜虫越冬场所。及时拔除田间病苗,消灭毒源。发病初期,可用含盐酸吗啉胍或利巴韦林成分的药剂喷雾,延缓发病,降低病株率,挽回损失。

2.玉米粗缩病

发病株先是在最幼嫩的叶片上出现明脉,即叶脉出现断续的透明状褪绿。随病情发展,植株的叶背、叶鞘上的叶脉出现断续的、蜡白色、条状凸起,称为"脉突"。感病植株有不同程度的矮化,茎秆较粗,节间缩短。叶片宽短,僵直,质地变脆,叶端变尖,叶色浓绿。结实不良,随矮化程度增加,结实性降低,5叶前感病一般不能结实。

病原菌为水稻黑条矮缩病毒,靠介体昆虫传染,介体昆虫主要为灰飞虱,灰飞虱一旦获毒可终生带毒。灰飞虱主要以若虫在麦田或田埂地边杂草丛中越冬,翌年春天羽化后迁飞至早稻秧田或本田传毒为害并繁殖,小麦成熟后,再迁入玉米田传毒。玉米非灰飞虱喜食寄主作物,灰飞虱不能在玉米上完成整个世代。因此,该病发生与灰飞虱发生量、带毒虫率及栽培条件密切相关,春季气温偏高,降水少,虫口多发病重。水稻-小麦间作区发病重,春播田、套播田发病重,玉米出苗至5叶期如与传毒昆虫迁飞高峰期相遇易发病。

防治方法为调整播期,避免种植麦套玉米和晚春播玉米,避开灰飞虱迁飞高峰。黄淮海夏播区一般年份6月15日后播种发病率低。种植抗病或耐病品种。用专用种衣剂如锐胜包衣或吡虫啉拌种。玉米出苗后,及时喷洒吡虫啉、吡蚜酮、啶虫脒等杀虫剂,可加入盐酸吗啉胍、三氮唑等病毒钝化剂或诱抗剂,及时清除田间地头杂草。

3.玉米线虫矮化病

幼苗从下部叶片尖端开始,沿叶缘向基部萎蔫变黄,植株矮小,甚至干枯死亡。根的数量减少或少量增多,根细弱,有时根部可见褐色病斑或肿瘤,严重时整个或部分根系腐烂。被害植株后期穗小或结实不良。病原

生物线虫是一种微小的线形动物,一般长 1~2 毫米,取食或寄生在玉米根部,用吻针刺破植物细胞并吸取营养,降低根系效率,导致地上部分生长不良,造成减产。常见的线虫为根结线虫,以幼虫和卵在土壤或粪肥中越冬,成为翌年的初侵染源,在田间主要靠灌溉水和雨水传播,也可通过农事操作进行传播。用含有爱福丁、克百威成分的种衣剂包衣,用 10%噻唑磷颗粒剂拌种可以防治病害。此外,还应合理轮作,收获后及时清除病残体。

（四）非侵染性病害

非侵染性病害不具有相互传染、扩散为害的特点,分为遗传性病害和生理性病害两大类。遗传性病害是由自身的生理缺陷或遗传性疾病引起。生理性病害是由于植株生长环境中不适宜的物理、化学等非生物因素直接或间接引起的一类病害,如不良的温度、光照、水分、营养元素以及化学药剂、环境污染物等对植株正常的生理活动造成干扰或破坏,而导致的不同病状。

随着玉米栽培耕作措施向机械化和简约化发展,为了片面追求高产和降低工作量,不良栽培措施导致的非侵染性病害增多,如种植密度过大,造成田间通风透光差,植株抗性降低;过量使用化肥,造成土壤中养分失衡,土壤板结;大量使用农药,使得各种药害问题日益突出。

非侵染性病害也会产生各种类型的病斑和异常症状,往往和侵染性病害的症状不易区分。主要区别包括以下几点:一是病斑上没有中心侵染点,但后期病部可能会见到腐生菌类形成的霉层。二是没有传染性,田间没有发病中心。三是在适当的条件下,有的病状可以恢复,有的非侵染性病害可增加病原物的侵入概率而诱发侵染性病害,如除草剂损伤后常引起细菌性顶腐病。

目前的主要防治措施是通过抗性锻炼和抗性育种，培育抗逆性好的品种。其次是人为干预，改善不良环境条件，消除致病因素，提高植株自身的恢复代偿能力。

1.生理性红叶

在授粉后出现，同一个品种整体出现红叶，穗上部叶片先从叶脉开始变为紫红色，接着从叶尖向叶基部变为红褐色或紫红色，严重时变色部分干枯坏死。害虫也可造成类似症状，但红叶在茎秆上蛀孔的上部出现。此病害为遗传性病害，植株灌浆时，穗上部叶片大量合成的糖分因代谢失调不能迅速传输到籽粒，而转化成花青素，导致叶片变红(图4-8)。防治方法为淘汰发病品种。

图4-8　生理性红叶

2.籽粒丝裂病和籽粒爆裂病

籽粒丝裂病，常在籽粒有种胚的一侧出现横向线状裂纹，露出白色胚乳，似切割状。破裂处易被穗腐病病原菌或其他杂菌侵染，造成腐烂。该病害为遗传性病害，是由于籽粒灌浆过快，而种皮发育相对较慢，导致种皮丝状割裂。生产上要避免再次种植该类品种。籽粒爆裂病发生时，籽粒的冠部种皮上呈现不规则破裂，露出白色胚乳，似爆裂的爆米花。破裂籽粒易被穗腐病菌或其他杂菌侵染，常呈褐色腐烂并覆盖各色霉层。该病

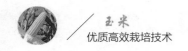

害为遗传性病害,防治方法为淘汰发病品种。

3.遗传性条纹病

田间零星分布,幼苗即可显症,常在植株的下部或一侧或整株的叶片上出现与叶脉平行的褪绿条纹,宽窄不一,呈黄色、金黄色或白色,边缘清晰光滑,其上无病斑,也没霉层(图4-9)。阳光强烈或生长后期失绿部分可变枯黄,果穗瘦小。该病害为遗传性病害,补救措施为在间苗、定苗时拔除病苗。

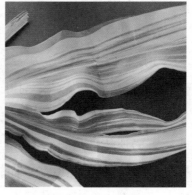

图4-9 玉米遗传性条纹病

4.遗传性斑点病

有各种症状表现,常和侵染性叶斑病相混淆。其区别于叶斑病的典型症状如下:在同一品种的所有玉米叶片上相同位置出现大小不一、圆形或近圆形、黄色褪绿斑点。病斑无侵染性病斑特征,无中心侵染点,无特异性边缘。后期病斑常受日灼出现不规则黄褐色轮纹,或整个病斑变为枯黄,严重时叶片干枯,穗小或无穗,植株早衰。该病害为遗传性病害,条件适宜时发生,可造成很大产量损失。生产上要避免再次种植该类品种。

5.肥害

播种时施入过量的肥料,一旦遇到干旱或土壤墒情不足时,种子萌发受到抑制,导致根尖、芽梢等部位萎蔫、变褐或腐烂,影响出苗。严重时烂种烂芽,降低出苗率或完全不出苗,整块田出苗慢而不整齐。已出幼苗往往出现萎蔫,叶片呈灰绿色,进而变黄枯死;根系发育不良,常伴褐色腐烂;植株矮化,生长发育受阻,形成"小老苗",严重时整株死亡。追施化肥时撒落在叶片上,轻微时形成大小不等的斑点,呈圆形、近圆形或不规则形,中心呈白色或灰白色,有黄褐色到褐色狭窄晕圈,中心部位很薄,易破裂,后期斑块上腐生各色霉层,一般不会造成产量损失。若撒施在心叶中,严重时会造成生长点死亡,形成丛生苗或畸形苗。施用碳酸氢铵等易挥发速效化肥时,覆土较浅、不严或未及时覆土,或在高温下施用,均会导致肥料的挥发,造成叶片受损。损伤一般先从下部叶片开始,出现褪绿失水斑块,随后沿叶脉扩展,呈灰绿色条斑,常带有波浪边,和细菌性叶斑类似,后变为中心白色枯死斑,严重者叶片干枯,植株生长缓慢,茎基部出现水渍状腐烂,甚至枯死。

防治方法为足墒播种,平衡施肥。避免种子和肥料在土壤中接触。追肥时不要漫天撒肥,施用易挥发速效化肥后要及时覆土,避免化肥与植株直接接触。产生肥害后要及时大水漫灌,必要时可喷生长调节剂。

6.杀虫剂损伤

杀虫剂使用不当常在叶片上造成损伤,依施药方式和药剂成分的不同,症状存在明显差异。颗粒剂损伤后,植株的相同部位叶片上先是出现不规则形状的色素缺失,随后病部呈浅黄色或白色褪绿药斑,不受叶脉限制,有时病部叶片略皱缩,严重时药斑部位枯黄坏死,后期腐生杂菌,出现霉状物。喷雾造成的损伤初期为水渍状,后期为黄白色药斑,形状不规则,沿药液流动方向扩展,严重时叶片变黄枯死。毒饵误施到叶片上,药斑围绕饵料形成,多为白色透明不规则状。烈日下施药或所用药剂有熏蒸作用,会造成玉米叶片条状失绿,严重时叶片萎蔫枯死。

防治方法为选择安全的药剂,严格掌握适当的用药量、用药时期和用药环境条件。产生药害后,要结合施肥灌水,中耕松土,以促进作物根系发育,增强植株恢复能力。及时增施肥料,或在叶面喷施 0.1%~0.3%碳酸二氢钾溶液,或用 0.3%尿素加 0.2%磷酸二氢钾溶液混合喷洒,每隔 5~7 天1 次,连喷 2~3 次,均可显著降低因药害造成的损失。喷施生长调节剂,或用 3000 倍高锰酸钾溶液喷雾。高锰酸钾是一种强氧化剂,对多种化学农

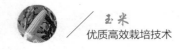

药都具有氧化、分解作用。

7.除草剂损失

触杀性除草剂误喷或飘移到玉米植株上,药斑初期为水渍状,有不规则或圆形、椭圆形病斑,呈灰绿色。后期为白色或黄白色,有黄色或褐色边缘,中心变薄,常破损成孔洞。后期病斑上着生各色霉层,和叶斑病易混淆。内吸性除草剂误喷或飘移到玉米植株上,初期心叶基部叶脉变红色或浅红色,随后叶片变黄,顶部叶片逐渐萎蔫,有时心叶基部呈水渍状腐烂,整株从心叶开始枯死。播后苗前除草剂使用不当或前茬作物除草剂对玉米的毒害,常导致玉米出苗率下降,幼苗畸形,茎叶扭曲,叶片发黄,植株矮缩,过度分蘖,气生根上卷,不与土壤接触或变粗,地上部东倒西歪,穗小,苞叶缩短,籽粒外露,甚至植株死亡。苗后除草剂对玉米造成的损伤主要表现为同一块田的大部分植株在相同叶位出现褪绿药斑,严重时受害植株矮小,叶片破裂,心叶扭曲不能抽出,根系不发达,分蘖增多,形成丛生苗,严重者心叶坏死。

防治方法为根据作物种类和防除对象,选择适宜的除草剂。严格掌握用药量和用药适期,禁止在大风天和炎热的午间用药。用药器械要彻底清洗,除草剂和杀虫剂不宜混施。产生药害后要大量喷清水,同时加强田间管理,增施磷钾肥,喷施尿素等速效肥料,增强田间生长活力。

8.营养过剩

主要表现为植株过度分蘖,下部呈丛生状;徒长,营养生长旺盛;茎秆柔嫩,易倒伏、倒折;叶色油绿,叶片宽大;生长延迟,组织分化不良,穗小或迟迟不能抽穗,产量下降。土壤酸碱度过高的情况下,剖开茎秆可见节内维管束坏死。

可在植株一侧10厘米处断根,抑制植株根系对养分的吸收。喷施植物生长调节剂,如15%多效唑50克兑水50千克、25%缩节胺水剂20~30

毫升兑水 40 千克,在大喇叭口期喷雾,抑制茎秆生长,促进根系发育。人工去除分蘖。

9.干旱和涝渍

干旱初期,植株的上部叶片在中午阳光强烈时沿叶脉纵向卷起,并呈暗绿色,清晨可恢复正常状态。严重时下部叶片从根尖或叶缘开始变黄干枯,叶片上有不规则的褐色或黄褐色枯死斑块。植株矮化、细弱,生长发育停滞,甚至枯死。发生后要积极浇水施肥。也可在浇水后喷施叶面肥和生长素类物质,恢复长势。

涝渍发生在土壤湿度过大或被水淹过的田块。植株叶片整体偏黄,茎叶生长受阻,叶片窄小。严重时下部叶片从叶缘、叶尖开始变黄枯死,并逐渐向上部叶片发展。植株矮小,生育期延迟,或雌雄蕊不能抽出,根系细弱腐烂。结实不良,籽粒干瘪,造成减产。发生后,应尽快开沟排除积水。对植株可扒土晾根,加速水分蒸发,待 1~2 天后再覆土。追施肥料,喷施叶面肥和生长素类物质,促长新根,恢复植株正常生长。

10.缺素症

主要表现为缺氮和磷,南方酸性土壤有时会缺镁,其他微量元素的缺乏较少见。

(1)缺氮。玉米苗期缺氮时生长缓慢、植株矮小瘦弱、叶片黄绿、生育期延迟,常发生在贫瘠的土壤中。成株期缺氮一般在玉米授粉后出现典型症状,植株从下部叶片开始,由叶片沿中脉向叶片基部枯黄,枯黄部分呈"V"形,叶缘仍保持绿色而略卷曲,严重时整个叶片枯死。

(2)缺磷。苗期最易缺磷,下部叶片从叶尖、叶缘开始出现紫红色,严重时整个叶片呈紫红色,叶缘卷曲,叶尖枯死,生长缓慢。成株期缺磷,花丝延迟抽出,结实不良,籽粒行列歪曲不齐,果穗弯曲畸形,秃尖严重。

(3)缺钾。苗期缺钾生长缓慢,植株矮小,嫩叶呈黄色或褐色。严重缺

钾时,叶缘或顶端呈火烧状,呈倒"V"形。成株期缺钾,叶脉变黄,节间缩短,根系发育弱,易倒伏。果穗小,顶部籽粒发育不良,早衰。

(4)缺镁。苗期先从下部叶片叶脉间出现黄白色的条纹,严重时干枯死亡。成株期植株上层叶片上有黄色褪绿斑点,中层叶片呈明显的黄绿相间的条纹,下层老叶端部和叶缘呈紫红色。

防治方法为对症施肥,平衡施肥,加强管理。也可在叶面喷施速效肥,加快植株对肥料的吸收,促进发育,降低损失。

11.日灼、冷害、霜害和风雹害

(1)日灼。常出现在种植在地边、沟渠一侧的向阳面植株上,叶片下披部位出现黄白色褪绿斑点,连片,无清晰边缘。严重时被害部发白、卷曲、枯死。轻微发生不必处理,一般不会造成产量损失。严重时,可灌溉保墒,提高田间湿度,降低地面对光热的反射。

(2)冷害和霜害。一般发生在早春玉米和晚播玉米上,轻微冷害或霜害后植株叶色加深,叶片逐渐沿边缘变为红色。严重霜冻发生后,植株上部叶片基部呈水渍状不规则斑点,叶片部位斑点连片,随后受害部位呈灰绿色,很快脱水,最后为灰白色干枯,严重时从顶尖开始萎蔫枯死。采用喷水抗霜、烟雾抗霜等方式可以阻止霜害的形成。一旦受害无有效补救措施。

(3)风雹害。大风和雹害过后,植株常倒伏、倒折,严重灾情下田间植株叶片呈撕裂状,下披挂在叶脉上,叶尖、叶缘、叶片下披部分呈黄白色,后期变褐色,无清晰边缘。拔节期前后倒伏,可以自行恢复,对产量影响不大。抽雄授粉前后倒伏,难以自行直立,必须人工扶起并培土固根。拔节期前受到雹灾,如生长点未受损,可自行恢复正常生长。

▶ 第二节 玉米常见虫害及其防治措施

一 叶部虫害

1.草地贪夜蛾

草地贪夜蛾,夜蛾科灰翅夜蛾属(图 4-10),是联合国粮农组织全球预警的重大跨境迁飞性害虫之一,原产于美洲热带和亚热带地区。2016年1月草地贪夜蛾入侵西非地区后,很快蔓延至撒哈拉以南的 44 个国家。2018 年 6 月草地贪夜蛾入侵印度。2018 年 12 月 11 日草地贪夜蛾从缅甸迁入中国,到 2019 年 10 月扩散至全国多地。

图 4-10 草地贪夜蛾幼虫及其为害状

(1)形态特征。①卵。直径 0.4 毫米,高 0.3 毫米,呈圆顶形,底部扁平,顶部中央有明显的圆形点。通常 100~200 粒卵堆积成块状,卵上有鳞毛覆盖,初产时为浅绿或白色,孵化前渐变为棕色。在玉米上卵多产于上部几个叶片的正面(国外报道是主要产于心叶下部叶片的背面或叶鞘上),初孵幼虫孵化后就开始取食叶片,并向四周植株扩散为害。②幼虫。3 龄幼虫头部没有"Y"形纹,腹末节有排列成正方形的 4 个黑色毛瘤;4 龄以上的幼虫,头部呈黑、棕或者橙色,具白色或黄色倒"Y"形斑。幼虫体表有许多纵条纹,背中线为黄色,背中线两侧各有一条黄色纵条纹,条纹外侧依次是黑色、黄色纵条纹。幼虫体色多变。③成虫。翅展 32~40 毫米,前翅为深棕色,后翅为灰白色,边缘有窄褐色带。前翅中部各一黄色不规则环状纹,其后为肾状纹。雌蛾前翅呈灰褐色或灰色棕色杂色,环形纹和肾形纹呈灰褐色,轮廓线黄褐色;雄蛾前翅灰棕色,翅顶角向内各一大白斑,环状纹呈黄褐色,后侧各有一浅色带自翅外缘至中室,肾状纹内侧各有一白色楔形纹。④蛹。蛹呈椭圆形,红棕色,长 14~18 毫米,宽 4.5毫米。老熟幼虫常在 2~8 厘米的土壤中化蛹,也有在果穗或叶腋处化蛹。

(2)危害特征。我国各地调查发现,草地贪夜蛾幼虫为害的作物有 15 种,除玉米以外,甘蔗、高粱、谷子、小麦、水稻、薏米、花生、莪术、香薰、生姜、竹芋、马铃薯、油菜、辣椒等作物也发现被害;云南、海南、湖南、湖北还发现皇竹草、马唐、牛筋草、苏丹草等禾本科杂草受害。草地贪夜蛾低龄幼虫主要在玉米叶背面或叶正面,多数情况 3 龄以上幼虫头垂直向上匿藏在心叶内未抽出的雄穗苞小穗中或叶鞘内侧;具假死性,受惊动后蜷缩成"C"形。被草地贪夜蛾幼虫为害的玉米植株特征明显不同于被其他黏虫为害。表现为叶片呈半透明薄膜状"窗孔",或叶片呈大小不等的孔洞。剥开玉米生长点卷曲心叶或雄穗苞中可见大量害虫粪便和藏身在其中的幼虫,心叶被咬食呈破烂状,未展开呈圆筒状叶片上有蛀孔,未抽出的雄穗苞中的小穗也可被高龄幼虫啃食。其中,低龄幼虫取食叶肉,剩下叶表皮,由于其食量小,叶片未被咬透,因而形成"窗孔"状。3 龄以上幼虫取食则形成叶片孔洞和心叶破烂,即通过玉米植株被害状可以判断出幼虫虫龄。

（3）发生规律。在适宜的区域,可周年繁殖,一年可发生多代。适宜发育的温度范围广, 为 11~30℃。在 28℃ 的条件下,30 天左右即可完成一个世代,而在低温条件下,需要 60~90 天才能完成一个世代。安徽省的地理纬度为 29°41′~34°38′,草地贪夜蛾最早 4 月份可零星迁入我省,主要迁入时间为 5 月份;6 月份迁入沿淮淮北夏玉米主产区。草地贪夜蛾在无为、宿松等迁飞过渡区可以发生 6 代,其中第 6 代为不完全代;在淮河以北,阜阳、宿州等地区发生 4 代,其中第 4 代为不完全代。

（4）防治技术。①生态防控。沿淮及淮河以南玉米产区要尽可能地减少不同玉米生育期混作,减少桥梁过渡田;淮北夏玉米种植区要因地制宜推广玉米–大豆带状复合种植,或玉米与其他豆类、瓜类等间作套种模式,形成生态阻截带。玉米收获后及时翻耕压茬,灭除玉米自生苗,减少虫源数量。适当推迟冬小麦播期,切断草地贪夜蛾的食料来源。②种子处理。玉米播种前,选择含有氯虫苯甲酰胺、溴酰·噻虫嗪、溴氰虫酰胺等成分的种衣剂实施种子包衣或药剂拌种。秋播小麦时使用辛硫磷拌种,防治苗期草地贪夜蛾幼虫。③理化诱控。在成虫发生高峰期,采取灯诱、性诱、食剂等措施,诱杀成虫、干扰交配,减少田间落卵量。在玉米集中连片种植区,按照每亩设置 1 个诱捕器的标准(集中连片面积超过 1000 亩,可按 1.5~2 亩 1 个诱捕器的标准设置),诱捕器悬挂高度要高于玉米植株20 厘米左右。根据诱芯持效期,及时更换诱芯,在玉米全生育期保持较好的诱捕效果。田边、地角、杂草分布区诱捕器设置密度可以适当增加。④生物防治。作物全生育期注意保护利用寄生蜂、寄

生蝇等寄生性天敌和蜻类、瓢虫、步甲等捕食性天敌,在田边地头种植芝麻、波斯菊等显花植物,或大豆、秋葵等经济作物,营造有利于天敌栖息的生态环境。在草地贪夜蛾卵期,积极开展人工释放赤眼蜂等天敌昆虫控害技术。抓住低龄幼虫期,选用甘蓝夜蛾核型多角体病毒、苏云金杆菌、金龟子绿僵菌、球孢白僵菌、短稳杆菌、印楝素等生物农药,持续控制草地贪夜蛾种群数量。⑤化学防治。当田间玉米被害株率或低龄幼虫量达到防治指标时(玉米苗期、大喇叭口期、成株期防治指标分别为被害株率5%、20%和10%,对于世代重叠、危害持续时间长、需要多次施药防治的田块,也可采用百株虫量10头的指标),可选用已登记的或农业农村部推荐的药剂进行防治,如氯虫苯甲酰胺、乙基多杀菌素、虱螨脲等高效低风险农药药剂。施药宜在清晨或傍晚,重点喷洒在玉米心叶、雄穗或雌穗等关键部位。小麦田草地贪夜蛾要加大用水量,对准小麦根部喷淋,推荐不同作用机制的化学药剂一季使用一次,延缓害虫的抗药性。

2.黏虫

黏虫属鳞翅目夜蛾科,又称东方黏虫(图4-11),别名栗夜盗虫、剃枝虫、五彩虫、麦蚕等。黏虫是我国农作物的重要迁飞性害虫,也是一种杂食性害虫和爆发性、间歇性发生的暴食性害虫。除新疆外,几乎全国各地均有分布。

图4-11　东方黏虫

（1）形态特征。①成虫。呈淡褐色或黄褐色，体长 15~20 毫米，翅展 35~45 毫米。触角为丝状，前翅中央近前缘有两个淡黄色的圆斑，外圆斑下方有 1 个小白点，两侧各有 1 个小黑点，翅顶角有一条向内伸的斜线。②卵。呈半球形，直径 0.5 毫米，初为乳白色，渐变成黄褐色或黑灰色，然后孵化，有光泽。卵块由数十粒至数百粒组成，多为 3~4 行排列成长条形，叶片上的卵块经常被包在筒条状的卷叶内。③幼虫。共 6 龄，老熟幼虫长 36~40 毫米，体色为黄褐色至墨绿色。头部呈红褐色，头盖有网纹，额扁，头部有棕黑色"八"字纹。背中线呈白色，较细，两边为黑细线，亚背线呈红褐色。④蛹。呈褐色，长 20 毫米，腹背五至七节各有一横排小点刻。尾刺 3 对，中间 1 对粗直，侧面 2 对细而且弯曲。

（2）危害特征。低龄幼虫咬食玉米叶片成孔洞状；3 龄后咬食叶片成缺刻状，或吃光心叶，形成无心苗；5~6 龄达暴食期，能将幼苗地上部全部吃光，或将整株叶片吃掉只剩叶脉，再成群转移至附近田块为害，造成严重减产，甚至绝收。也可为害果穗，将果穗上部花丝和穗尖咬食掉，并取食籽粒。

（3）发生规律。1 年 2~8 代，为迁飞性害虫，每年有规律地进行南北往返远距离迁飞。黏虫发生世代随地理纬度及海拔高度而异。在 33°N 以北地区不能越冬，长江以南地区以幼虫和蛹在稻桩、杂草、麦田表土下等处越冬，翌年春天羽化，迁飞至北方为害。成虫有趋光性和趋化性。幼虫畏光，白天潜伏在心叶或土缝中，傍晚爬到植株上为害，幼虫常成群迁移到附近地块为害。成虫羽化后需要补充营养才能正常产卵，喜欢将卵产在叶尖及枯黄的叶片上，而且会分泌胶状物质将卵裹住。幼虫老熟后转移到植株根部做土茧化蛹。

（4）防治技术。①农业防治。在越冬区，结合种植业结构调整，合理调整作物布局，减少小麦的种植面积，铲除杂草，压低越冬虫量，减少越冬虫源。合理密植,加强肥水管理,控制田间小气候等。②物理防治。性诱捕法是用配置黏虫性诱芯的干式诱捕器,每亩竖立 1 个插杆挂在田间,诱杀成虫。灯光诱杀是在成虫发生期,于田间安置杀虫灯,灯间距 100 米,夜间开灯,诱杀成虫。③生物防治。在黏虫卵孵化盛期喷施苏云金杆菌制剂,注意邻近桑园的田块不能使用,低龄幼虫可用灭幼脲灭杀。④化学防治。主要采用化学农药喷雾防治。于早晨或傍晚黏虫在叶面上活动时,喷洒速效性强的药剂。可选用 4.5%高效氯氰菊酯乳油 1000~1500 倍液、48%毒死蜱乳油 1000 倍液、3%啶虫脒乳油 1500~2000 倍液等杀虫剂喷雾防治。免耕直播麦茬地小麦田黏虫发生严重时,在玉米出苗前用化学药剂杀灭地面和麦茬上的害虫。

3.劳氏黏虫

劳氏黏虫属鳞翅目夜蛾科(图 4–12),分布于广东、福建、四川、江西、湖南、湖北、浙江、江苏、山东、安徽、河南等地,主要取食玉米、小麦、水稻等粮食作物及禾本科杂草。

图 4–12　劳氏黏虫

(1)形态特征。①成虫。体长 14~20 毫米,翅展 33~44 毫米,头部和胸部呈灰褐至黄褐色,腹部呈白色,前翅呈褐色或灰黄色,前缘和内线呈暗褐色,无环形纹和肾形纹,翅脉呈白色带褐色条纹,翅脉间有褐色点,缘中室基部下方有一黑色纵条纹,中室下角有一小白点。前翅顶角有一个三角形暗褐色斑,外缘部位的翅脉上有一系列黑点,端线也为一系列黑点,缘毛呈灰褐色。②卵。馒头形,淡白色,表面有不规则网状纹。③幼虫。共6龄,呈黄褐色至灰褐色,头部呈暗褐色,颅中沟及蜕裂线外侧有粗大的黑褐色"八"字纹,唇基有一褐色斑,左右颅侧区具有暗褐色网状细纹。有5条白色纵线,背线两侧有暗黑色细线。气门上线与亚背线之间呈褐褐色,气门线和气门上线区域呈土褐色,气门线下沿至腹部上缘区域呈浅黄色。气门为椭圆形,围气门片呈黑色,气门筛呈黄褐色。④蛹。初化蛹时为乳白色,渐变为黄褐色至红褐色,腹部末端中央着生的一对尾刺稍弯向腹面,两个刺基部间距较东方黏虫大,伸展呈"八"字形,基部粗,向端部逐渐变细,顶端不弯曲。

(2)危害特征。在玉米苗期,刚孵化的幼虫首先取食心叶,将心叶食成孔洞,而后取食其他叶片,把叶片食成缺刻,严重时只剩叶脉。在玉米穗期,幼虫取食花丝和幼嫩籽粒,严重时花丝被吃光,影响授粉。钻入果穗的幼虫咬食籽粒,并排粪便于其中,污染果穗,严重影响玉米的产量和品质。

(3)发生规律。在黄淮海地区,1年发生3~4代。幼虫孵化后,白天潜伏在心叶内,未展开的叶片基部、叶鞘与茎秆间的缝隙内或苞叶内、花丝里,夜间外出取食。第一代幼虫发生在5月至6月上旬,为害盛期在5月下旬至6月上旬,为害春玉米,取食叶片。由于春玉米种植面积小且苗龄较小,多在6~8叶期,因此,幼虫为害集中,受害严重。第二代幼虫发生在6月底至7月,为害夏玉米,取食叶片,为害盛期在7月上、中旬。第三代幼虫发生在8月,为害盛期在8月中、下旬,低龄幼虫取食花丝,4龄以后取食玉米籽粒,是为害夏玉米最重的一代。第四代幼虫发生在9月,与第三代重叠发生,为害特点同第三代。此时,夏玉米已陆续成熟,幼虫主要

为害晚播田块及补种的植株。

（4）防治技术。①农业措施。在黄淮地区,5月下旬至6月上旬,抓紧春玉米的田间管理,及时进行中耕,可杀死第一代蛹,减少第二代发生数量。②化学防治。第一、二代严重发生时,可用2.5%溴氰菊酯乳油450毫升/公顷或3%阿维·高氯乳油1500~2000倍液喷雾防治。防治夏玉米穗期第三代幼虫可用90%敌百虫晶体500~800倍液喷涂果穗花丝和穗顶。

4.甜菜夜蛾

甜菜夜蛾属鳞翅目夜蛾科(图4-13)。老熟幼虫体长22~27毫米,体色由绿色至黑褐色,背线有或无。腹部气门下线为明显的黄白色纵带,有时带粉红色,不弯到臀足上。各节气门后上方有圆形白斑。初孵幼虫聚集为害,取食叶肉,剩余白色表皮。4龄后食量大增,将玉米叶片咬成不规则的孔洞和缺刻状,严重时可吃光叶肉,保留叶脉,残余叶片呈网状挂在叶脉上。

图4-13 甜菜夜蛾

甜菜夜蛾1年发生4~7代,以蛹在土中或以老熟幼虫在杂草上及土缝中越冬。成虫有趋光性。幼虫3龄前群集为害,昼伏夜出,有假死性,在田间呈点片状发生。

该虫表面蜡质层较厚且体表光滑,排泄效应快,抗药性强,要及早防治,将害虫消灭在 3 龄前。在早晨或傍晚选用 5%高效氟氯氰菊酯水乳剂 750 倍液或 5%甲维盐水分散粒剂 2000~3000 倍液等杀虫剂喷雾防治。采用频振式杀虫灯或黑光灯诱杀成虫。

5.斜纹夜蛾

斜纹夜蛾属鳞翅目夜蛾科。老熟幼虫体长 35~47 毫米,头部呈黑褐色,胸腹部颜色因寄主和虫口密度不同而变化,呈土黄至暗绿色。中胸至第九腹节背面各具有近半月形或三角形的 1 对黑斑,中后胸的黑斑外侧有黄白色小圆点。初孵幼虫聚集为害,仅取食叶肉,剩余叶脉和表皮,形成半透明纸状天窗,呈筛网状花叶;2 龄以后分散为害,取食叶片,造成缺刻;4 龄后进入暴食期,把玉米叶片咬成不规则缺刻,严重时可将叶片嫩茎吃光。

斜纹夜蛾的防治最佳时期为 3 龄前,可用 5%高效氟氯氰菊酯水乳剂 750 倍液或 5%甲维盐水分散粒剂 2000~3000 倍液,在清晨或傍晚喷雾防治,玉米根基附近地面也要喷到,以消灭落在地面的幼虫。用糖醋液、性诱剂或杀虫灯诱杀成虫,降低田间虫口基数。及时清除田间地头杂草,消灭越冬场所。

6.蚜虫

蚜虫属同翅目蚜科。为害玉米的主要有玉米蚜、禾谷缢管蚜和麦长管蚜、麦二叉蚜等,以玉米蚜发生最为严重。

蚜虫分为有翅孤雌蚜和无翅孤雌蚜两型(图 4-14)。体长 1.6~2 毫米,触角 4~6 节,表皮光滑、有纹。有翅蚜触角通常 6 节,前翅中脉分为 2~3 支,后翅常有肘脉 2 支。

蚜虫成虫和若虫群集于叶片背面、心叶、花丝和雌穗取食,能分泌"蜜

图 4-14　蚜虫

露"并常在被害部位形成黑色霉状物,影响光合作用,使叶片边缘发黄,发生在雌穗上会影响授粉并导致减产。被害严重的植株果穗瘦小,籽粒不饱满,秃尖较长。此外,蚜虫还能传播玉米矮化叶病毒和红叶病毒,导致病毒造成更大的产量损失。

玉米蚜 1 年 10~20 代,主要以成虫在小麦和禾本科杂草的心叶里越冬。翌年产生有翅蚜,迁飞至玉米心叶内为害,雄穗抽出后,转移到雄穗上为害。

玉米苗期蚜虫防治较为容易。玉米成熟后期由于植株高大,田间郁闭,农事操作困难,防治较难。一是可以喷雾防治。直接用 25%噻虫嗪水分散粒剂 6000 倍液,10%吡虫啉可湿性粉剂 1000 倍液,或 50%抗蚜威可湿性粉剂 2000 倍液等喷雾。二是通过种子包衣或拌种防治。用 70%噻虫嗪(锐胜)种衣剂包衣,或用 10%吡虫啉可湿性粉剂拌种,对苗期蚜虫防治效果较好。清除田间地头杂草,减少早期虫源。

7.蓟马

为害玉米的蓟马有玉米黄呆蓟马、禾蓟马和稻管蓟马等,均属缨翅目,前两者属蓟马科,后一种属管蓟马科。体长一般 1~1.7 毫米,通常具有两对狭长的翅,翅缘有长的缨毛(图 4-15)。

图 4-15　蓟马

苗期为害较大,通常在心叶中为害,以其锉吸式口器刮破植株表皮,口针插入组织内吸取汁液。叶片抽出后,叶片上呈现断续的银白色条斑,伴有小污点。严重时心叶卷曲畸形,呈马尾状,不易抽出,被害部易被细菌侵染,导致细菌性顶腐病。

蓟马 1 年 1~10 代,在禾本科杂草根基部和枯叶内越冬,次年 5 月中下旬迁到玉米上为害。其趋光性和趋蓝性强,喜在幼嫩部位取食。春播和早夏播玉米田发生重。

蓟马繁殖较快,见虫即应防治。防治方法有种子包衣或拌种。用含内吸性杀虫剂成分的种衣剂直接包衣,或用 10%吡虫啉可湿性粉剂拌种。此外,还可以喷雾防治。用 10%吡虫啉可湿性粉剂、1.8%阿维菌素乳油、25%噻虫嗪水分散粒剂 3000~4000 倍液均匀喷雾,重点为心叶和叶片背面。清除田间地头杂草,减少越冬虫口基数。剖开扭曲心叶顶端,帮助心叶抽出。苗期可用蓝板诱杀。

8.灰飞虱

灰飞虱属同翅目飞虱科。成虫有长翅型和短翅型两种。长翅型体长

3.5~4.2 毫米,短翅型体长 2.1~2.8 毫米。浅黄褐色至灰褐色。头顶稍凸出,额区具有黑色纵沟 2 条,触角浅黄色,前翅淡灰色,半透明,有翅斑(图 4-16)。若虫有 5 龄。成虫、若虫均以口器刺吸玉米汁液。由于玉米不是灰飞虱喜食作物,所以直接为害造成的影响小。但因其传播水稻黑条矮缩病毒,引发玉米粗缩病,造成的产量损失较大。目前,生产应用上的品种大多高感粗缩病,灰飞虱大发生,会导致该病流行。

灰飞虱 1 年 4~8 代,因地而异,以若虫在麦田及禾本科杂草上越冬,翌年羽化,5 月下旬至 6 月上旬,迁飞到玉米上为害。成虫有趋向生长嫩绿茂密玉米田的习性。

调整播期,推广麦后直播,避免麦套玉米,错开灰飞虱迁飞期。清除田边地内杂草和自生麦苗,破坏灰飞虱的栖息地。结合田间定苗,及时拔除病株。用内吸性杀虫剂吡虫啉等拌种或 70%噻虫嗪(锐胜)种衣剂包衣对玉米粗缩病有部分防治效果。用 10%吡虫啉可湿性粉剂 1000~1500 倍液、25%吡蚜酮可湿性粉剂 2000~2500 倍液等药剂喷雾防治。

图 4-16　灰飞虱

二　钻蛀类害虫

1.玉米螟

玉米螟属鳞翅目草螟科,是为害我国玉米最重要的害虫,有亚洲玉米螟(图4-17)和欧洲玉米螟两种。

图4-17 亚洲玉米螟

老熟幼虫体长20~30毫米,背部呈黄白色至浅红褐色,一般不带黑点,头和前胸背板呈深褐色。背线明显,两侧有较模糊的暗褐色亚背线。腹部1~8节背面有两排毛瘤,前排4个较大,后排2个较小。

在玉米心叶期,初孵幼虫大多爬入心叶内,聚群取食心叶叶肉,留下白色薄膜状表皮,呈花叶状;2~3龄幼虫在心叶内潜藏为害,心叶展开后,出现整齐的排孔;4龄后幼虫陆续蛀入茎秆中继续为害。蛀孔口常堆有大量粪便,茎秆遇风易从蛀孔处折断。由于茎秆组织遭受破坏,影响养分输送,玉米易早衰,严重时雌穗发育不良,籽粒不饱满。初孵幼虫可吐丝下垂,随风飘移扩展到邻近植株上。

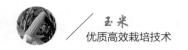

玉米螟1年1~7代,以老熟幼虫在寄主茎秆、雌穗和根茬内越冬,翌年春天化蛹。成虫飞翔力强,具有趋光性。成虫产卵对植株的生育期、长势和部位均有一定的选择,成虫多将卵产在玉米叶背中脉附近,为块状。

可以通过在心叶中撒施化学颗粒剂进行防治。用0.1%或5%氟氯氰颗粒,每株用量1.5克;或用14%毒死蜱颗粒剂、3%丁硫克百威颗粒剂,每株用量1~2克;或用3%辛硫磷颗粒剂,每株用量2克;或用50%辛硫磷乳油按1:100配成毒土混匀撒入喇叭口,每株撒2克。可使用Bt、白僵菌等生物制剂在心叶内撒施或喷雾。白僵菌每亩20克拌河沙2.5千克,在心叶内撒施。在玉米螟卵期,释放赤眼蜂2~3次,每亩释放1万~2万头。将玉米秸秆粉碎还田,杀死秸秆内越冬幼虫,降低越冬虫源基数。利用性诱剂迷向或杀虫灯诱杀越冬代成虫。

2.桃蛀螟

桃蛀螟属鳞翅目草螟科。老熟幼虫体长22~25毫米,背部体色多变,呈浅灰到暗红色,腹面多为淡绿色。头呈暗褐色,臀板呈灰褐色。各节有粗大的褐色瘤点。各体节毛片明显,呈灰褐至黑褐色。卵初为乳白色,渐变为橘黄色,孵化前为红褐色(图4-18)。

桃蛀螟主要蛀食玉米雌穗,也可蛀茎,遇风常倒折。初孵幼虫从雌穗上部钻入后,蛀食或啃食籽粒和穗轴,造成直接产量损失。钻蛀穗柄常导致果穗瘦小,籽粒不饱满。蛀孔口堆积颗粒状的粪屑,一个果穗上常有多头桃蛀螟为害,也可能与玉米螟混合为害,严重时整个果穗被蛀食,没有产量,还可引起穗腐病。

桃蛀螟1年2~5代,以老熟幼虫在寄主的秸秆或树皮缝隙中作茧越冬,翌年化蛹羽化,世代重叠严重。成虫有趋光性、趋化性。卵多单粒散产在穗上部叶片、花丝及其周围的苞叶上。

针对桃蛀螟,目前没有简单有效的防治方法。可以将玉米茎秆粉碎还田,帮助消灭越冬幼虫。还可以用频振式杀虫灯、黑光灯、糖醋液、性诱剂诱杀成虫,减少田间落卵量。玉米大喇叭口期在心叶内撒施颗粒剂,颗粒剂配制和使用方法见"心叶期玉米螟防治"部分。

图 4-18　桃蛀螟

3.棉铃虫

棉铃虫属鳞翅目夜蛾科。幼虫体色变异较大,由淡绿至黑紫色,以绿色及红褐色为主。老熟幼虫体长 40~50 毫米,头呈黄褐色,背线明显,呈深色纵线,气门呈白色。腹部第 5 节至第 7 节的背面和腹面有 7~8 排半圆形刻点(图 4-19)。

幼虫取食叶片成孔洞或缺刻状,有时咬断心叶,造成枯心。叶上虫孔和玉米螟为害状相似,但孔粗大,边缘不整齐,常见粒状粪便。幼虫可转株为害。为害果穗除造成直接产量损失外,还可加重穗腐病发生。

棉铃虫 1 年发生 3~7 代,以蛹在土中越冬。6 月下旬至 7 月为害玉米心叶,8 月下旬至 9 月上旬为害玉米穗。成虫对黑光灯趋性强,卵散产在叶片、叶鞘或花丝上。

棉铃虫防治的最佳时期在 3 龄前,以化学防治为主,种子包衣防治效果不显著。3 龄前,在叶面喷洒 2.5%氯氟氰聚酯乳油 2000 倍液、5%高效氯氰菊酯 1500 倍液等化学药剂。6 月下旬在玉米心叶中撒施杀虫颗粒

剂,药剂及使用方法参考"玉米螟"的防治部分。人工释放中红侧沟茧蜂。

图 4-19 棉铃虫

4.大螟

大螟属鳞翅目夜蛾科。老熟幼虫体长 30 毫米,体形较粗壮,头呈红褐色或暗褐色,腹部背面呈淡紫红色,体节上有疣状凸起,其上着生短毛。

苗期叶片被害成孔洞或生长点受损形成枯心苗,植株矮化,甚至枯死。叶鞘被害后常干枯。玉米心叶期被害常被取食成孔洞缺刻状。有多头幼虫在同一茎秆内取食,导致植株弱小,生长发育不良,甚至枯死,蛀食果穗、穗轴、茎秆和雄穗柄,造成茎秆折断和果穗腐烂。有转株为害习性。

大螟 1 年 3~7 代,以幼虫在残体中越冬,次年春天化蛹。成虫昼伏夜出,越冬代成虫多选择 5~7 叶玉米苗基部第 2、3 叶叶鞘内侧产卵,初孵幼虫群集在玉米叶鞘内取食,2 龄后蛀入茎内取食。

清除秸秆,消灭越冬幼虫。撒施颗粒剂于心叶中,颗粒剂配制和使用方法见"心叶期玉米螟防治"部分。用 50%杀螟硫磷乳油 1000 倍液、25%氰戊·辛硫磷乳油 1000~1500 倍液喷雾,注意喷到基部叶鞘内。

5.白星花金龟(金龟子)

金龟子是鞘翅目金龟子总科昆虫的总称。为害玉米果穗的主要为白星花金龟和小青花金龟。

　　白星花金龟为椭圆形,具有古铜色或青铜色光泽,体长18~22毫米,体表散布众多不规则白色绒毛状斑纹(图4-20)。小青花金龟呈暗绿色,体长12~14毫米,鞘翅上有银白色绒斑。

图4-20　白星花金龟

　　成虫多群集于雌穗上取食花丝和幼嫩的籽粒,造成直接产量损失。其排出的粪便污染下部叶片和果穗,影响光合作用并加重穗腐病发生,取食花药,影响授粉。

　　金龟子1年1代,食性杂,以幼虫或成虫在土壤或腐殖质和堆肥中越冬。6—8月为成虫盛发期,其白天活动,飞翔力强,有趋光性和假死性,对糖醋酒有趋性,产卵于土中。

　　可采用以下方法进行防治:种植苞叶紧密品种,将糖醋液或腐烂的果实放入细口酒瓶中,架至与玉米穗大致相同的高度,诱杀成虫。或在玉米穗顶部滴50%辛硫磷乳油300倍液1~2滴。

三 地下害虫

1.地老虎

地老虎属鳞翅目夜蛾科。其种类很多,为害玉米的主要有小地老虎、黄地老虎和大地老虎。

小地老虎幼虫体长 37~47 毫米,呈暗褐色,表皮粗糙,密生大小不同的颗粒,腹部第一至第八节背面,每节有 4 个毛瘤,前两个显著小于后两个,体末端臀板为黄褐色,上有黑褐色纵带两条。黄地老虎幼虫体长 33~45 毫米,头部呈黑褐色,有不规则深褐色网纹,体表多皱纹,臀板有两大黄褐色斑纹,中央断开,有较多分散的小黑点。大地老虎幼虫体长 41~61 毫米,体为黄褐色,体表多皱纹,微小颗粒不显,腹部第一至第八节背面的 4 个毛片,前两个和后两个大小几乎相同。臀板为深褐色的一整块,密布龟裂状的皱纹。

地老虎为害生长点或从根颈处蛀入嫩茎中取食,造成萎蔫苗和空心苗,叶片被咬成小孔、缺刻状。大龄幼虫常把幼苗齐地咬断,并拉入洞穴取食,严重时造成缺苗断垄。幼虫有转株为害习性。

大地老虎 1 年 1 代,小地老虎和黄地老虎 1 年发生 2~7 代,以老熟幼虫或蛹越冬。成虫昼伏夜出,卵多散产在贴近地面的叶背面或嫩茎上,也可直接产于土表或残枝上。

防治最佳时期在 1~3 龄,此时幼虫对药剂抗性较差,并在寄主表面或幼嫩部位取食,3 龄后潜伏在土表中,不易防治。药剂拌种有一定效果,可以用 50%辛硫磷乳油拌种,用药量为种子重量的 0.2%~0.3%;或用 3%好年冬颗粒剂播种时沟施。3 龄以下幼虫用 48%毒死蜱乳油或 40%辛硫磷乳油 1000 倍液灌根或傍晚茎叶喷雾。毒土、毒饵诱杀大龄幼虫时,用 50%辛硫磷乳油 50 克/亩,拌炒过的棉籽饼或麦麸 5 千克,傍晚撒在作物行间。捕捉幼虫时,可在清晨拨开萎蔫苗、枯新苗周围泥土,挖出地老虎的大龄幼虫。此外,还可以利用黑光灯、糖醋液诱杀成虫。清除田间地头杂草,防止成虫在杂草上产卵。

2.蛴螬

蛴螬是鞘翅目金龟甲总科幼虫的统称。为害玉米的主要有华北大黑鳃金龟、东北大黑鳃金龟、铜绿丽金龟和黄褐丽金龟。体弯曲呈"C"形,呈白色至黄白色。头部呈黄褐色至红褐色,上颚显著,头部前顶生有左右对称的刚毛。具胸足3对。取食萌发的种子或幼苗根颈,常导致地上部萎蔫死亡,或植株生长缓慢,发育不良。害虫造成的伤口有利于病原菌侵入,诱发根颈部腐烂或导致其他病害。

蛴螬1年或多年1代,因种而异。以幼虫或成虫在土中越冬,翌年气温升高开始出土活动。从卵孵化到成虫羽化均在土中完成,喜松软湿润土壤。成虫大多为害林木叶片,少有为害玉米,有趋粪性和假死性,喜欢在潮湿的地块产卵,卵多散产在根基周围松软的土壤中。幼虫3龄后进入暴食期,可转株为害。施有机肥料的地块,水浇地被害较重。

可以采用药剂包衣或拌种防治。用种衣剂30%氯氰菊酯直接包衣,或者用40%辛硫磷乳油0.5升加水20升,拌种200千克。用48%毒死蜱乳油2000倍液或40%乳油1000倍液灌根处理。还可以用毒饵诱杀,饵料制作同"地老虎的防治"部分。严重发生地块采取秋耕、倒茬、水旱轮作等农业措施。人工捕捉幼虫时,应在被害株下挖掘出幼虫,杀灭。在成虫发生盛期,还可以设黑光灯或频振灯诱杀成虫。

3.二点委夜蛾

二点委夜蛾属鳞翅目夜蛾科。老熟幼虫体长14~18毫米,最长20毫米,体表光滑,体色从黄灰色到黑褐色,头部呈褐色,额呈深褐色,额侧片呈黄色,额侧裂缝呈黄褐色,腹部背面有两条褐色北侧线,到胸节消失,

各体节背面前缘具有一个倒三角形的深褐色斑纹。气门呈黑色,气门上线呈黑褐色,气门下线呈白色。有假死性,受惊后蜷缩成"C"形。成虫体长10~12毫米,呈灰褐色,前翅呈黑灰色,上有白点、黑点各1个,后翅呈银灰色,有光泽。

幼虫主要从玉米幼苗茎基部钻蛀到茎心后向上取食,形成圆形或椭圆形孔洞,钻蛀较深切断生长点时,心叶失水萎蔫,形成枯心苗,严重时直接蛀断,整株死亡;或取食玉米气生根系,造成玉米苗倾斜或侧倒。

幼虫在6月下旬至7月上旬为害夏玉米。一般顺垄为害,有转株为害习性。有群居性,多头幼虫常聚集在一株下为害,可达8~10头,白天喜欢躲在玉米幼苗周围的碎麦秸下或在2厘米左右的表土层为害玉米苗。麦秸较厚的玉米田发生较重。

幼虫3龄前为防治最佳时期。方法如下:一是撒毒土。用48%毒死蜱乳油500克和1.8%阿维菌素乳油500克,兑水喷洒在50千克细干土上配成毒土,撒于幼苗根部。二是随水浇灌。用48%毒死蜱1000克/亩,浇地时随水施药。三是喷雾或灌根。用1.8%阿维菌素乳油和5%高效氯氰菊酯1500倍液喷雾,或将喷雾器喷头拧下,逐株滴灌根颈及根际土壤,每株50~100克药液。

▶ 第三节 玉米田常见草害及其防治措施

一 玉米田常见杂草

1.马塘

马塘,禾本科,又称蹲倒驴,分布于我国北方。一年生草本植物,花果期6—9月。秆直立或斜倚,高40~100厘米,直径2~3毫米。叶片呈线状或条状披针形,长 5~15 厘米,宽 3~10 毫米,基部呈圆形,边缘较厚,微粗糙,无毛或具柔毛。总状花序 3~10 枚,长 5~18 厘米,指状排列或下部近轮生。小穗呈椭圆状披针形,长 3~3.5 毫米。第一颖微小,短三角形。第二颖披针形,长为小穗的 1/2~3/4,边缘具纤毛。第一外稃具 4~7 脉,脉粗糙,脉间距离不匀。第二外稃呈灰绿色,近革质,边缘膜质,顶端渐尖,覆盖内稃。

2.稗草

稗草,禾本科,又名扁扁草,分布于我国南北各地。一年生草本植物,花果期为夏秋季。秆斜生,高 50~150 厘米,光滑无毛,基部膝曲或倾斜。叶片扁平,呈条形,宽 5~20 毫米,无毛,边缘粗糙。圆锥花序下垂或直立,近不规则塔形。主轴具棱、粗糙,分枝上有时有小分枝。小穗呈卵形,密集于穗轴的一侧,长 3~4 毫米,有硬疣毛。颖具 2~5 脉,第一外稃草质,具 5~7 脉,有长 5~30 毫米的芒,第二外稃呈椭圆形,先端具有小尖头且粗糙,边缘卷抱内稃。

3.棒头草

棒头草,禾本科,属一年生草本植物(图 4-21)。秆丛生,基部膝曲,高可达 75 厘米。叶鞘光滑无毛,叶舌膜质,呈长圆形,叶片扁平,微粗糙或下面光滑,圆锥花序穗状,呈长圆形或卵形,较疏松,具缺刻或有间断,分枝长可达 4 厘米。小穗呈灰绿色或部分带紫色。颖长圆形,疏被短纤毛,外稃光滑,先端具微齿,颖果椭圆形,4—9 月开花结果。

图 4-21 棒头草

4.千金子

千金子,禾本科,属一年生草本植物(图 4-22)。秆直立,基部膝曲或

倾斜,高可达90厘米,平滑无毛。叶鞘无毛,大多短于节间,叶舌膜质,叶片扁平或多少卷折,先端渐尖,圆锥花序,分枝及主轴均微粗糙。小穗多带紫色,第一颖较短而狭窄,外稃顶端钝,无毛或下部被微毛,颖果呈长圆球形,8—11月开花结果。

图 4-22 千金子

5.狗尾草

狗尾草,禾本科,又名谷莠子,在我国南北都有分布(图 4-23)。一年生草本植物,花果期 5—10月。秆直立或基部膝曲,高 10~100 厘米。叶片扁平,呈条状披针形,先端渐尖,基部钝圆,长 4~30 毫米,宽 2~20 毫米,通常无毛或疏被疣毛,边缘粗糙。圆锥花序集成圆柱状,直立或稍弯曲,长 2~15 厘米,宽 4~13 毫米,小穗呈椭圆形,先端钝,长 2~2.5 毫米,两至多

图 4-23 狗尾草

枚簇生于缩短的分枝上;基部小枝呈刚毛状,2~6 条,成熟后与刚毛分离。第一颖呈卵形,长为小穗的 1/3。第二颖椭圆形,较小穗稍短或等长。第二外稃具细点状皱纹,成熟时背部稍隆起,边缘卷抱内稃,颖果呈灰白色。

6.虎尾草

虎尾草,禾本科,又名棒槌草,一年生草本植物。秆直立或基部膝曲,高 12~75 厘米,光滑无毛。叶鞘背部具脊,无毛,包卷松弛,叶舌无毛具微纤毛,叶片呈线形,长 3~25 厘米,宽 3~5 毫米。穗状花序 5~10 余枚簇生于茎顶,小穗排列于穗轴的一侧,长 2~4 毫米,含 2 朵小花,第一小花两性,第二小花不孕,第一颖长约 1.8 毫米,第二颖等长或略短于小穗,有短芒,外稃顶端以下生芒,内稃膜质,略低于外稃。

7.看麦娘

看麦娘,禾本科,又名山高粱、棒棒草(图 4-24),广泛分布于南北各省。一年生草本植物,花果期 4—8 月。秆高 15~40 厘米,少数丛生,细瘦,光滑,节处常膝曲。叶片扁平,长 3~10 厘米,宽 2~5 毫米。圆锥花序,狭圆柱状,呈灰绿色,长 2~7 厘米,宽 3~6 毫米。小穗呈椭圆形或卵状长圆形,长 2~3 毫米,含 1 朵小花,颖膜质,基部合生,具 3 脉,脊上有细纤毛,侧脉下部有短毛,外稃稍长于颖或等长,下部边缘联合,芒细弱,长 2~3 毫米,约于稃体下部1/4处伸出,隐藏或稍外露。花药为橙黄色,长 0.5~0.8 毫米。颖果长约 1 毫米。

图 4-24　看麦娘

8.牛筋草

牛筋草,一年生草本植物,根系极发达。秆丛生,基部倾斜。叶鞘两侧压扁而具脊,松弛,无毛或疏生疣毛,叶舌长约 1 毫米,叶片平展,线形,无毛或上面被疣基柔毛。穗状花序 2~7 个指状着生于秆顶,很少单生,小穗长 4~7 毫米,宽 2~3 毫米,含 3~6 朵小花,颖呈披针形,具脊,脊粗糙。囊果呈卵形,基部下凹,具明显的波状皱纹。鳞被 2,折叠,具 5 脉。花果期为6—10 月。

9.香附子

香附子,莎草科,又名香附、香头草、梭梭草(图 4-25)。多年生草本植物,匍匐根状茎,具椭圆形块茎。秆散生,直立,高达 15~95 厘米,锐三棱形,平滑。叶基生,宽 2~6 毫米,平张。鞘常裂成纤维状,棕色。苞片 2~3 叶,叶状,常长于花序。长侧枝聚伞花序简单或复出,有 3~10 个开展的辐射枝,最长达 12 厘米。小穗呈条形,斜展开,3~11 个排成伞形花序,长 1~3 厘米,宽1.5 毫米。小穗轴具较宽的、白色透明的翅。鳞片紧密,膜质,2 列,呈矩圆卵形或卵形,长约 3 毫米,两侧呈紫红色,中间呈绿色,具 5~7 脉,雄蕊 3 枚,花药长,柱头 3 裂,细长。小坚果呈长圆状倒卵形,有三棱,长为鳞片的 1/3~2/5,具细点。

图 4-25　香附子

10.葎草

葎草,桑科,又名锯锯藤、拉拉藤、拉拉秧等(图4-26),主要分布于河北及秦岭—淮河以南各省。一年生或多年生缠绕草本。茎、枝、叶柄均具倒钩刺。叶对生,纸质,呈肾状五角形,长和宽7~10厘米,掌状,5~7深裂稀为3裂,边缘具粗锯齿,表面具粗糙刺毛,背面有柔毛和黄色腺点,叶柄长4~20厘米。花单性,雌雄异株。雄花圆锥花序,呈黄绿色,花被片和雄蕊各5枚。雌花为圆形穗状花序,苞片纸质,三角形,具白色茸毛,子房为苞片包围,柱头2个,伸出苞片外。瘦果呈淡黄色,扁圆形。

图4-26　葎草

11.马齿苋

马齿苋,马齿苋科,又名马齿菜、五行菜(图4-27),一年生草本植物,分布于我国各地。茎平卧,伏地铺散,多分枝,圆柱形,肉质,无毛,带紫色。叶互生,有时近对生,叶片扁平、肥厚,呈楔状矩圆形或倒卵形,长10~30毫米,宽6~15毫米。花3~5朵簇生枝端,直径3~5毫米,无梗。苞片4~5个,叶状,膜质。萼片2个,花瓣5个,对生,呈黄色。子房半下位,1室。柱头4~6裂,线形。蒴果呈卵球形,盖裂。种子细小,多数,呈肾状卵形,直径不及1毫米,呈黑褐色,有小疣状凸起。

图 4-27　马齿苋

12.繁缕

繁缕,石竹科,又名鹅耳伸筋、鸡儿肠,一年生或二年生草本植物,高10~30厘米(图 4-28)。茎俯仰或上升,基部大多少分枝,被 1~2 列毛,常带淡紫红色。叶片呈宽卵形或卵形,长 1.5~2.5 厘米,宽 1~1.5 厘米,顶端渐尖或急尖,基部渐狭或近心形,全缘。基生叶具长柄,上部叶常无柄或具短柄。疏聚伞花序顶生,花梗细弱,萼片 5 个,呈卵状披针形,顶端稍钝或近圆形,边缘宽膜质,外面被短腺毛。花瓣 5 个,白色,呈长椭圆形,较萼片短,深 2 裂达基部,裂片近线形。雄蕊 3~5 枚,短于花瓣。花柱 3 个,呈线形。蒴果呈卵形,稍长于宿存萼,顶端 6 裂,具多数种子,种子呈卵圆形至近圆形。

图 4-28　繁缕

13.田旋花

田旋花,旋花科,又名燕子草、小旋花,多年生草本植物(图4-29)。根状茎横走,茎缠绕或平卧,具条纹或棱角,无毛或上部有疏柔毛。叶互生,先端钝或具短尖,基部呈多戟形,长1.5~5厘米,宽1~3.5厘米,全缘或3裂,侧裂片微尖,中裂片呈卵状椭圆形或披针状长椭圆形,叶柄长1~2厘米。花序腋生,有1~3朵花,花梗细弱,长3~8厘米,苞片呈线形,萼片5个,被疏毛,呈倒卵状圆形,边缘膜质,花冠呈宽漏斗状,长约2厘米,白色或粉红色,顶端5浅裂。雄蕊5枚,稍不等长,基部具鳞毛。子房2室,被毛。柱头2裂,线形。蒴果呈球形或圆锥形。种子4个,呈卵圆形,黑褐色。

图4-29　田旋花

14.小马泡

小马泡,葫芦科,又名马包,一年生草本植物(图4-30)。根柱状,呈白色。茎、枝及叶柄粗糙,茎匍匐,具纤细卷须。叶片呈近圆形或肾形,质稍硬,长、宽均为6~10厘米,多5浅裂,萼片边缘反卷,钝圆,有腺点,掌状脉,脉上具短柔毛。花在叶腋内单生或双生,两性。花梗细,长2~4.5厘米,具白色短柔毛。花萼呈筒杯状,淡黄绿色,裂片线形。花冠呈钟形,黄色,裂片倒阔卵形,被稀疏短柔毛,先端钝,具5脉。雄蕊3枚,生于花被筒口

部,花丝无或极短。子房呈纺锤形,密生白色细绵毛,花柱短,基部具浅杯状盘,株头 3 裂,长方形,靠合。果实呈椭圆形,长径约 3 厘米,短径约 2 厘米,种子呈卵形,多数,黄白色,扁平。

图 4-30　小马泡

二 玉米田杂草防治措施

田间杂草不仅与玉米植株争夺水分、光照和肥料,抑制玉米生长,还会为病虫提供繁殖、越冬的场所,提供中间寄主和传播媒介,严重影响玉米产量,应采用综合措施,合理有效地防治玉米田杂草。

1.化学防治措施

化学防治是目前玉米田杂草防除的主要方法,当前主要有播后苗前封闭除草和苗后除草两种方式。播后苗前除草,是在玉米播种后出苗前土壤较湿润的时候,对玉米田土壤进行均匀喷雾。使用的除草剂主要有莠去津、乙草胺、异丙甲草胺、二甲戊灵、精异丙甲草胺等及其复配剂。使用除草剂时,应仔细阅读使用药剂的说明书,做到不重喷、不漏喷,以土壤表面湿润为原则,利用药膜形成,达到封闭土壤表面的作用。施药时应尽量选择在无风、无雨时,避免雾滴飘移危害周围作物,施药时如果土壤湿度过大、出苗前遭遇低温等情况会出现药害。

苗后除草主要是在玉米出苗后 3~5 叶期，沿着行间对茎叶进行均匀喷雾，使用的除草剂主要有烟嘧磺隆、草甘膦异丙胺盐、草甘膦胺盐、溴苯腈、氯氟吡氧乙酸、硝磺草酮、磺草酮、苯唑草酮等及其复配剂。施药前要仔细阅读所用药剂的使用说明，确认所用除草剂是否能与其他农药混用、安全间隔期以及对玉米品种的敏感性等。复配药剂使用前要先摇匀，施药选择在无风或微风晴朗的早上或傍晚。使用扇形喷头，须加用喷雾罩，压低喷头，防止药液飘移到附近的作物上造成药害，严禁将药液直接喷到玉米的喇叭口内。

2.其他防治措施

生物防除和物理防除也可用于玉米田杂草的防除。生物防除是指在整个生态系统中利用杂草本身的天敌控制杂草的生长，将杂草的发生和数量降低到可接受的范围内，不破坏自然的生物群落，不污染环境。主要包括利用动物、植物和化感作用治理杂草，或者利用生物及其代谢产物开发生物除草剂。物理防除包括人工除草、机械除草和物理除草，即通过手工拔除，或使用锄、犁、电耕犁、机耕犁、旋耕机等除草，或者用遮光、高温、辐射等原理除草。

▶ 第四节　玉米病虫草害绿色防控技术体系

安徽省玉米种植区域地理跨度大，各地气候、土壤特征不尽相同，耕作制度、栽培方式、常用品种也有一定的区域特征，导致各地玉米病虫草害种类及发生规律有所差异。在玉米病虫草害防治时应遵循预防为主、综合防治的基本原则，树立生态调控、绿色防控、精准防控的防治理念。

一 农业防治

1.土壤深翻,精细耕作

在玉米播种前深翻土地,不仅可以疏松土壤,还能够直接杀伤地下害虫,并破坏其栖息、化蛹场所,而且通过秸秆粉碎深翻还田、机械杀伤和增加害虫在土壤中感染病原微生物的概率,还可以降低害虫基数。深耕细作不仅能减少田间带病残体,还能去除田间早发出土的杂草,同时调整土壤耕层质地,形成良好的团粒结构。土壤平整后能提高播后苗前土壤封闭除草剂药效,达到除草剂增效减施的目的。

2.抗性品种

玉米对有害生物的抗性是玉米内在的遗传特性,根据不同种植区气候特点及病虫害的发生特点,选择适宜当地使用的抗病虫性较强的品种。该方法具有良好的协同性,既能与高产、优质等其他农艺性状相结合,又能与防治病虫害的所有方法兼容,经济、投入产出比高。

3.健康栽培,生态调控

根据玉米营养需求,合理施肥,做好水肥管理,实现供需平衡,最好采取测土配方施肥,有针对性地补充植株生长所需的营养元素,避免不必要的浪费,同时要增施有机肥,改善土壤环境,培育健壮植株,增强玉米抗病虫的能力。在土壤中钾含量低的地区,适当增施钾肥可以显著抑制玉米茎腐病的发生。

对于一些玉米病害常发、重发田块,需要调整种植结构,将玉米与不同类作物轮作,如玉米、大豆轮作。不同作物及其根基微生物分泌物的拮抗作用可以改变土壤微生物种类的丰富度,因此可以减少因连作带来的玉米土传病害病原菌的积累,同时降低土壤中已有病原菌的浓度,以减轻病害的发生。不同作物轮作,还可以实现不同防治谱除草剂的交替使用,不仅可以减少伴生杂草的发生,还可以避免长期使用单一除草剂而产生抗性杂草。

玉米与大豆、花生等作物间作或套作,可以改变农田景观生态,利用不同作物及其品种的抗病性差异,可以降低气传循环侵染病害的传播扩散,从而阻碍病害的蔓延和流行。间作或套作可以增加植物的多样性,一方面由于寄主的不同而直接对害虫发生产生负面影响,另一方面,如果间作或套作蜜源植物可以增强对天敌的保护和诱集而对害虫种群产生影响。

二 理化诱控

1.物理防治

玉米虫害物理防治技术主要是利用杀虫灯和色板诱杀。采用频振式杀虫灯诱杀害虫成虫是一种应用比较广泛的物理防治措施,具有使用方便快捷、无污染等优点。频振式杀虫灯利用害虫成虫的趋性,近距离用光,远距离用波,引诱害虫靠近,然后利用高压电将害虫击晕或杀死,以达到防治害虫的目的。

2.化学诱集

目前田间使用的化学诱集装置主要是性诱器,性诱剂诱杀技术主要是利用昆虫成虫性成熟时释放性信息素引诱异性成虫交配的原理,将人工合成的昆虫性信息素释放器缓释到田间,引诱雄蛾到诱捕器中并将其杀死,从而达到减少成虫交配产卵及降低害虫种群数量的目的。

三 生物防治

1.释放天敌

赤眼蜂是目前田间用于害虫防治比较成功的天敌。随着无人机放蜂技术的发展,在玉米主要种植区,利用玉米螟赤眼蜂、螟黄赤眼蜂防治玉

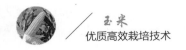

米螟、桃蛀螟和棉铃虫等鳞翅目害虫均取得了显著的成效。

2.微生物药剂

在东北地区,有长期用白僵菌封垛防治越冬代玉米螟的传统,近年来,无人机喷洒 Bt、白僵菌等可湿性粉剂或投撒颗粒剂防治鳞翅目害虫也取得了良好的防治效果。

四 达标化学防治

应用化学杀虫剂、杀菌剂、除草剂等化学农药防治玉米病虫草害并不违反绿色防控的原则,特别是在病虫草害严重发生时,化学防治是应急防控必不可少的措施。为了保证防治效果,同时符合绿色防控的要求,必须选用高效、低毒、低残留的药剂。在药剂使用时要遵循"精准选药、适时用药、对靶喷药"的原则。

第五章

玉米防灾减灾技术措施

▶ 第一节　玉米苗期涝渍应急管理技术措施

　　土壤涝渍通常指土壤含水量超过田间及饱和含水量或是地面积水，或是持续对农作物产生危害。植物遭受水分逆境的影响与生长发育阶段、胁迫时间长短、叶龄等有关。在渍水逆境下，植物新陈代谢发生一系列变化，包括蛋白质合成的改变，基因表达的变化，蛋白质和叶绿素含量的下降。

一　苗期涝渍的指标

　　玉米的苗期涝渍是指玉米第三叶展开到玉米拔节这段时期发生的涝渍，玉米苗期土壤含水量达到最大持水量的90%时就会形成明显的渍害。夏玉米从播种至拔节期一个月的时间内，总降水量超过200毫米，或者旬降水量超过100毫米就会发生涝渍灾害（图5-1）。

图 5-1　玉米苗期涝渍

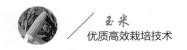
二 苗期涝渍的危害

萌芽期涝渍灾害除了造成严重缺苗外,对勉强出苗的幼苗生长也有明显的不良影响,导致幼苗生长迟缓,根系发育不良,叶片僵而不发,干重明显下降。玉米出苗以后,抗涝渍的能力逐步加强,但涝渍发生越早,其危害性就越大。

三 玉米苗期涝渍灾害的发生规律

安徽省夏玉米主要分布在淮河流域的广大区域,前茬作物腾茬集中在 5 月底至 6 月中旬初,夏玉米的播种期在雨季开始的平均日期以前。由于年际间雨季开始日期存在不同,玉米苗期涝渍经常发生。山东省农业科学院根据多年气象资料分析认为,5 月 20 日至 5 月 31 日播种发生芽涝的可能性为十年一遇,6 月 10 日前播种为十年三遇,6 月 15 日前为十年四遇,6 月 20 日前为十年五遇,6 月 25 日前为十年六遇。从 6 月 1 日至 6 月 25 日,每延迟播种一天,芽涝发生的频率增加 2%。近 10 年,安徽省玉米生育期内降水最低值为 229 毫米,最高值为 783 毫米,平均为 572 毫米,其中降水量大于 400 毫米的年份占 91.7%。苗期至拔节期(6 月 10 日

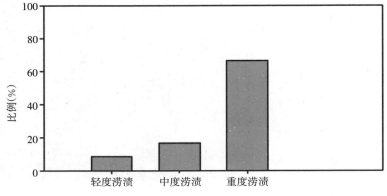

图 5-2 涝渍灾害发生概率

至 7 月 10 日)降水量占全生育期降水总量的 14.7%~59.9%,平均为39.3%,其中轻度涝渍(78 毫米<降水量≤115 毫米)比例为 8.3%;中度涝渍(115毫米<降水量≤178 毫米)比例为 16.7%;重度涝渍(降水量>178 毫米)比例为 66.7%(图 5-2)。

安徽省雨季开始的时期较早,淮河以南入梅日期主要集中在 6 月的第二候和第四候,平均为 6 月 16 日;出梅时间以 7 月第二候居多,平均为 7 月 10 日。沿淮、淮河以北地区较淮河以南晚 5~10 天。这段时期安徽省夏玉米大部分正处在出苗期至拔节期,各地夏玉米播种期间发生芽涝和苗期涝渍的可能性较大。由于玉米苗期涝渍发生越早危害越重,因而安徽省夏玉米的播种要在前茬收获后抢时进行,以减轻玉米芽涝和苗期涝渍的危害。

四 涝渍的防御对策

1.加强农田基础设施建设

防御涝渍最根本的措施是因地制宜地搞好农田排水设施,雨涝发生后积水能够及时排除。疏通排水沟渠,清沟沥水,降低地下水位,减少耕作层持水量,降低土壤水分。

2.垄台种植

沿淮低洼地地下水位较高,淮河以南土壤黏重、滞水难排,易发生涝渍。采用大垄双行或凸畦台田种植,一是可以聚集雨水,促进地面径流和加快排水速度;二是利于耕层土壤沥水,快速降低土壤耕层的滞水量;三是提高玉米根系着生和分布范围,改善玉米根系分布土壤的通气条件。

3.抢时早播,避开芽涝

安徽省夏玉米苗期正处在梅雨季节开始时期,玉米种子自萌动发芽至苗期阶段,耐涝渍能力较差,最容易发生芽涝和苗期涝渍。抢期早播,尽

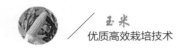
量避开雨涝季节,可有效避免或减轻涝渍的危害。

4.选择耐涝渍品种

玉米的耐涝渍能力品种间差异很大。沿淮和淮河以南等易涝地区需选择耐涝渍能力较强的品种。安徽省农业科学院和安徽农业大学的研究表明,耐涝渍的品种在遭受涝渍危害后,减产幅度较小,单产显著高于不耐涝渍的品种。目前安徽省推广的夏玉米品种,耐涝渍能力较强的品种有庐玉9105、中科505等。

5.重施基肥,增施氮肥,提高抗涝性

在实行配方施肥和肥力基础好的田块,涝渍灾害后玉米恢复生长快,减产幅度小。因此,夏玉米特别是前茬作物秸秆还田的地块要注重基肥的施用,将氮肥用量的50%~60%用于基肥施用,有利于促进苗期早发,提高苗期健壮程度,增强抗涝渍能力。玉米受涝渍后及时排除渍水并增施氮肥,可改善玉米根系的养分吸收和土壤的养分供应状况,促使玉米灾后快速恢复生长。涝渍一旦发生,要及时清沟沥水,尽快排除田间积水。待积水排除后,趁湿在玉米行间撒施速效氮肥或尿素,一般每亩施用尿素10~15千克,玉米可增产20%左右。

6.及早松土,散墒减渍

"锄头下有水,锄头下有火",这句话的意思是此时锄地,可以既防涝又防旱。涝渍发生后及早中耕松土,不仅可疏松表土,增加土壤通气性,促进表层土壤水分的散失,减轻涝渍危害,还能改善土壤水、温、气环境,促进玉米根系生长和根系功能的恢复,减轻涝渍对玉米的危害。由于切断了底层土壤与表层的毛细管水通道,并在表层形成疏松覆盖层,能减少底层土壤水分损失,预防涝渍后经常伴随的干旱。由于涝渍发生后土壤湿度大、氧气缺乏,玉米根系常常趋气上翻。当能下田时,及时进行中耕培土,以破除土壤板结,改善土壤通透性,使植株根系尽快恢复正常生

长。土壤较湿时,可以沿玉米垄先划锄一边。这样既可以减轻对根系的伤害,又能提高松土的效率,具有事半功倍的效果。

第二节　玉米花粒期遭遇高温灾害应对措施

安徽省玉米主要分布在淮河流域。淮河流域具有典型的南北气候过渡地带特点。夏玉米生育期间在不同生育阶段常遇到高温、干旱相伴,而持续的高温、干旱常常导致玉米生长发育受阻,开花、吐丝不畅,结实不佳。

一　高温灾害

高温灾害是指高温对植物生长发育和产量形成所造成的损害。由于温度超过植物生长发育适宜温度的上限而对植物造成的损害,主要包括高温危害和日灼伤害等。淮河流域"热在三伏",三伏一般出现在7月中旬到8月中旬,这正是一年中最热的时候。安徽省夏玉米此时正处在开花吐丝前后,如果遇到干旱少雨天气,很容易因高温天气对玉米的生长及开花结实造成严重影响。因全球变暖而引发的极端高温事件频发,高温对玉米生产的影响日益增大。花期是玉米整个生育期中对高温最敏感的时期。高温影响雌雄穗发育、花粉活力、吐丝过程与籽粒建成等,进而影响玉米的结实率与籽粒产量(图5-3)。近年来,黄淮海地区南区玉米花期高温热害发生的同时往往伴随干旱,已成为限制该地区玉米丰产、稳产的重要因素。

图5-3　玉米高温热害后穗部性状

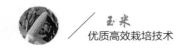

二 高温灾害的种类和标准

1.高温灾害的种类

玉米是喜温作物,全生育期均要求较高的温度,但不同生育期对温度的要求有所不同。根据不同生育阶段和遭受高温灾害的受害机理与表现形式,可把玉米的高温灾害类型分为三种。

(1)延迟危害型。玉米在生长发育的过程中,较长时间受到不同程度的高温危害,使酶活性减弱,光合作用受阻,同时呼吸作用增强,光合产物积累量降低,导致营养生长不良,器官建成减慢和生长发育迟缓。延迟型的高温灾害主要发生在苗期至抽雄期。

(2)障碍危害型。玉米在生殖器官分化期、孕穗抽雄期至开花期散粉、吐丝受精和籽粒形成阶段,遭受异常高温危害,使生殖器官受到损害,造成不育、不孕、授粉结实不良。这种危害时间较短,但受害后难以恢复正常。高温危害发生后,表现为雄穗开花散粉不良、花药瘦瘪、花粉少、雌穗吐丝不畅、花丝细弱活力差、受精不良和籽粒败育,形成大量秃顶、缺粒、缺行,甚至果穗不结实,造成空秆,最终导致严重减产。障碍型危害高温灾害主要发生在玉米的孕穗期至籽粒形成期。

(3)生长不良型。玉米在营养生长阶段长期受到高温危害,致使株高降低,叶片数减少,秸秆细弱,果穗变小,穗短行少,穗粒数减少,但成熟期没有明显延迟,千粒重也影响不大。主要因为长势弱,营养体小,引起穗小、粒少,最终导致减产。生长不良型高温灾害在全生育期都可以发生,但危害程度轻,持续时间长。

2.高温灾害的标准及危害

玉米在生育期不同的生育阶段耐热能力存在明显差异,总趋势是苗期最耐热,生殖期次之,成熟期最弱。因此,玉米高温灾害指标因生育阶段的不同而有明显差别。

（1）延迟型高温灾害标准。玉米一生中苗期较耐高温，廖宗族研究认为，在35℃的环境下，玉米苗期的生长高度、干重等生长指标都受到明显影响；33℃时受高温轻度危害，出叶速率开始下降；36℃时受中等危害，出叶速度明显下降；39℃时受害严重，出叶速率严重下降，生育进程减缓。

（2）障碍型高温灾害标准。玉米孕穗期至籽粒形成阶段对高温灾害较敏感。这段时期温度高于32℃，空气湿度接近30%，土壤田间持水量低于70%时，玉米雄穗开花持续时期变短，雌穗吐丝延迟，导致雌雄不协调，影响授粉结实。玉米花粉含水量只有60%，且保水力弱。在通常情况下，玉米花粉粒活力能维持5~6小时，8小时以后活力显著下降，24小时以后完全丧失活力。在高温、低湿的条件下，玉米花粉活力明显降低，散粉后1~2小时就会失水，甚至干枯，丧失发芽能力。在高温、干燥的环境中，玉米花丝也会老化加快，活力降低，寿命缩短，受精结实能力明显降低。当花期遇到38℃以上的高温天气时，玉米花粉就会死亡，花丝丧失受精能力，不能完成授粉结实过程。

（3）生长不良型高温灾害标准。以全生育期平均气温为标准，29℃为轻度热害，将减产10%左右；33℃为中度热害，将减产50%以上；36℃为严重热害，将造成绝产。玉米生育后期对高温灾害最敏感。玉米灌浆期日平均温度高于25℃，淀粉酶的活性就会受到影响而不利于干物质的运转与积累，如又遇干旱将导致高温逼熟减产。

三 玉米高温灾害的发生规律

安徽省的高温天气是指日最高气温达35℃或以上。如果连续三天最高气温大于等于35℃或一天最高气温大于38℃，即为高温灾害天气。淮河流域3天以上的持续高温，西部多于东部，淮北西部最多。高温一般出

现在7月下旬到8月上旬,个别年份部分地区出现在9月份。若以梅雨期为界,可分为初夏高温和盛夏高温两个阶段。淮北地区日最高气温大于等于35℃,年最长日数的情况是:小于等于5天为10年5~6遇,6~10天为10年2~3遇,大于等于10天为10年1~2遇。这说明淮北地区高温灾害天气最长连续日数有一半的年份在5天及以下,一般不会对玉米造成严重危害。但如遇到10年1~2遇10天以上的连续高温,往往伴随着干旱发生,容易对玉米造成障碍型高温灾害,从而影响玉米开花授粉,导致玉米结实不良,引起严重减产。

四 高温灾害的防御对策

1.选用耐高温品种

不同的玉米品种抗高温灾害的能力有很大差别。在生产中选用耐高温品种是预防高温灾害最有效的办法。目前推广的玉米品种,凡是含有唐四平头种质的杂交种对高温灾害大都具有很好的抗性。

2.及时浇水灌溉

高温与干旱紧紧相伴,在遭遇持续高温灾害时,及时浇水灌溉,提高土壤湿度,可使玉米田间温度降低2~3℃;同时增加玉米叶片的蒸腾量,降低玉米叶面的温度,减轻高温造成的危害。

▶ 第三节 玉米洪涝灾害减灾技术措施

涝渍是指土壤水分处于过湿或饱和状态,造成作物生长发育不良、产量下降。当水分充满土壤,而且田间地面积水,作物的局部或整株被淹没,这种危害称涝害。研究表明,夏玉米苗期当土壤耕层相对含水量高于90%,持续3天以上就会出现涝害症状。涝害发生后,要及时采取措施,降

低涝害影响。

一 加强"三沟"预防

及时清理疏通围沟、腰沟和畦沟,保证"三沟"畅通,提高排水效率。

二 及时排除田间积水

降雨后应及时排除田间积水,同时深挖围沟和腰沟,快速沥水排渍,防止产生"哑巴涝"。

三 及时适量追肥

涝渍危害发生后,玉米根系和叶片生长变缓,及时追施速效氮肥可减轻涝渍危害,促进玉米正常生长。排除田间明水后,于玉米行间及时追施尿素 5~10 千克/亩。

四 早间苗、晚定苗

为确保涝渍田块有足够的留苗密度,间苗可早,3~4 叶间苗;定苗宜晚,6~7 叶定苗。间苗、定苗时去掉过大、过小苗,留苗均匀一致。对于少量缺株的,就近留双株,保证留苗密度,夏玉米避免移栽和补种。

五 及时化学除草

雨后积极实施玉米田间茎叶化学除草,选用含甲基磺草酮类成分或苯唑草酮类成分的茎叶除草剂,防止草荒。慎重选择茎叶除草剂类型,防止除草剂药害。

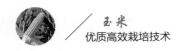

六 加强病害预防

对上年度发生褐斑病的玉米田块,玉米拔节后如遇连阴雨,及时喷粉锈宁等预防褐斑病;对已经发生褐斑病的玉米田块,及时喷粉锈宁等防治褐斑病,注意顶盖心和叶片均匀喷施,同时追施速效氮肥,增强玉米抗性。

第四节 安徽省玉米倒伏成因及防御技术措施

安徽省玉米生长发育的中后期经常受到台风等系统性强对流天气和局地雷阵雨等强对流天气的影响,造成玉米的严重倒伏。近年来,随着玉米生产水平的提高和播种机械化,玉米的种植密度迅速增加,玉米倒伏的风险进一步加大。玉米在拔节期后,特别是在灌浆期、成熟期,由于暴风雨的袭击,易发生倒伏。安徽省玉米倒伏面积常年为数十万亩,倒伏已经成为影响玉米产量的重要因素之一。

一 倒伏类型

玉米倒伏(图5-4)一般分为根倒、茎倒(茎折)两种类型。玉米生育前期倒伏的田块多为根倒。在玉米生育后期倒伏的田块,往往两种倒伏混合发生。

1.根倒

玉米从根部倒伏,茎秆与垂直线夹角在45度以上称为根倒。玉米的根倒从拔节期以后到收获都容易发生。

2.茎倒

玉米植株从穗位节以下部位折断称为茎倒(茎折)。玉米的茎倒一般

图 5-4　玉米倒伏

发生在玉米抽雄以后。

二　倒伏成因与危害

1.倒伏的成因

（1）环境因子。玉米经历寡照多雨,再遇暴雨、大风等极端恶劣天气是引起倒伏的最常见原因。引起玉米倒伏的环境因子还包括光照强度、温度、湿度和土壤通透性等。研究表明,光照强度是玉米节间生长和伸长的决定性因素。低光照强度促进节间的伸长,降低茎壁的厚度,降低碳水化合物的同化,影响茎秆细胞壁的发育和木质化程度,抑制根系的发育。节间的伸长也受到发育前期环境的影响,较高的温度常使节间快速生长。较高的土壤水分和田间湿度导致病害的发生,植株倒伏更易发生。土壤通透性较差往往会抑制根系的生长。寡照、高温、高湿和土壤通透性差导致玉米植株徒长、茎秆硬度降低和根系发育不良,大大增加了玉米倒伏的风险。

（2）品种的抗倒性。玉米的抗倒伏性受到株高、穗位高、穗位上节数、近地面节间长度、茎粗和茎秆重量等性状的影响。茎粗对植株抗倒力的影响最大,其次为株高,穗位影响较小。玉米的茎粗、株高等形态特性及

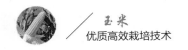

根系的发达程度因品种不同而存在很大差异,故玉米的抗倒性在品种间存在明显差别。一般株高较矮、穗位较低、根系发达、茎秆粗壮且坚韧的品种抗倒能力较强。实践证明,在遇到强对流天气时,抗倒伏性强的品种倒伏较轻,而抗倒伏性差的品种则倒伏严重。

（3）种植密度过大。由于片面追求高密度增产,玉米种植过密、群体密度过大、株行距过小或株距不匀,引起株间拥挤,群体内部通风、透光不良,植株茎秆细弱,株高、穗位增加,根系发育不良,全株重心上移,抗倒能力下降。一旦遇到风雨天气,就容易发生倒伏。研究表明,种植密度与玉米倒伏密切相关,随着种植密度的增加,玉米茎秆品质降低,抗倒性明显下降。随着玉米群体密度的增加,茎秆的压碎强度和外皮穿刺强度以及节间直径、干重、单位茎长干物质量等显著降低,而节间长度有所增加。此外,种植密度过大还会导致病害加重和根系弱化。这些因种植密度增加而带来的变化都是玉米抗倒伏能力下降的内在原因,故种植密度过大容易引发玉米倒伏。

（4）施肥不当。大量研究表明,施肥对玉米倒伏有明显影响。氮、磷、钾肥比例不当或肥料运筹不合理都会引起玉米倒伏。单独施用较多氮肥,降低了玉米茎秆的强度,会引起玉米严重倒伏。施用氮肥较多时,配合施用大量磷肥也难以减少施用高量氮肥造成倒伏的程度,而只有当施用钾肥或氮、磷、钾肥相互配合施用时,才能明显地降低玉米的倒伏率。氮肥基施比例过大,拔节期雨水充沛,拔节后生长偏旺,植株节间细长,机械组织不发达,也容易引起玉米倒伏。

（5）病虫危害。任何能引起玉米成熟前死亡的因素都能增加玉米茎秆的破损或损伤,从而导致玉米倒伏。引起玉米倒伏的病虫害主要是茎腐病、纹枯病和玉米螟等。茎腐病、纹枯病可使茎秆组织变得软弱甚至腐烂,玉米螟常常会钻到茎秆内部、蚀空茎秆髓部组织,一旦遇到大风天气,就有可能造成茎秆倒折。另外,大斑病、小斑病在玉米灌浆期间会降低光合效率,降低茎秆充实度和坚韧度。病虫害不能得到及时防控会加重玉米的倒伏。

2.倒伏的危害

(1)病虫害加重。玉米倒伏后,群体结构被破坏,田间小气候恶化,容易滋生病虫害。叶部病害,如玉米大斑病、小斑病、褐斑病等加重,玉米螟、蟋蟀等害虫滋生危害加重。

(2)降低产量和品质。玉米倒伏后,群体结构被破坏,叶片在空间的正常分布秩序被打乱,致使叶片的光合效率锐减。茎倒则破坏了茎秆的输导系统,既影响根系向叶片运输水分和养料,又影响叶片向果穗输送光合产物。如果倒折以上部位干枯死亡,导致光合产物和籽粒灌浆停止,减产更为严重,甚至造成绝产。在玉米群体中,倒伏率每增加1%,每亩大约减产7千克。玉米倒伏对产量的影响因倒伏的时间和程度不同而有很大差别。拔节期前后倒伏危害较轻,一般减产5%~10%;抽雄期前后至灌浆初期倒伏危害最为严重,一般减产30%~40%;灌浆后期倒伏一般造成的产量损失在5%~25%。倒伏的玉米,粒重小,瘪粒多,虫食粒、病腐粒增加,玉米的商品品质明显下降。

(3)收获不便。玉米倒伏后果穗的田间分布凌乱,给人工收获带来许多麻烦,使收获效率大打折扣。玉米倒伏还给机械收获带来严重障碍,使机械收获效率降低、损失率大幅增加,甚至无法机械收获。

三 倒伏防御措施

玉米倒伏一旦发生,就会对玉米产量及品质等产生不利影响,倒伏已成为玉米高产、稳产和机械收获的障碍之一。因此,预防玉米倒伏是玉米栽培管理的主要目标之一。

1.倒伏的预防

（1）选用高产抗倒品种。玉米品种间的抗倒性存在明显差异，在选购种子时应选用抗倒、抗病、高产、稳产、适合当地种植的品种。

（2）合理密植。根据玉米的产量水平和品种特性，按适宜种植密度留苗。品种特性各有不同，具有各自适宜的种植密度。只有适宜的种植密度，才能发挥各个品种的优势，从而提高群体和个体的综合抗性，实现高产、稳产的目标。在安徽省夏玉米生态条件下，500~600千克/亩的产量目标，耐密型品种的留苗密度以4000株/亩为宜，稀植大穗型品种的留苗密度以3500株/亩为宜。同时还要注意设置适宜的行株距配置，以60厘米等行距或40~80厘米宽窄行较利于行间通风透光及玉米基部节间健壮生长，也有利于减轻玉米对风的阻力，从而降低倒伏风险。

（3）合理肥水运筹。长期以来，多数农户喜欢用单一氮肥做基肥或在玉米大喇叭口期采用"一炮轰"的施肥法，造成土壤集中供氮量较高，使玉米节间生长过快、组织疏松、茎秆脆弱，遇风雨易发生倒伏。氮肥基肥60%、大喇叭口期追施40%，分期施用有利于土壤氮素均衡供给，保障玉米健壮生长。钾肥具有提高玉米茎秆强度的作用。大喇叭口期增施磷、钾肥或氮、钾肥配合施用，对预防玉米倒伏效果显著。

玉米苗期到拔节期应适当控制浇水，并进行中耕松土，促进根系下扎。苗期控制浇水进行蹲苗的玉米比不蹲苗的玉米，植株高度可下降10~30厘米。尤其是植株下部节间明显缩短，韧性增强，玉米根系量增加3~6条/株，并且根系下扎较深，抗倒性明显提高。

（4）防治病虫。随着机械化收获的日益普及和秸秆还田技术的推广，大量的秸秆直接还田，存在苗期争氮现象，导致当季玉米苗期长势不旺、抗逆性下降。苗期病虫害、茎腐病、褐斑病和穗期螟虫等发生危害加重，要加强对玉米苗期及中后期病害的防治，增强玉米的抗逆性。

（5）化控防倒。用化学调控剂抑制玉米基部节间的过度伸长，可增强玉米抗倒性，减少倒伏风险。喷洒控旺促壮化控剂，玉米基部 1~3 个节间长度缩短，株高、穗位降低，气生根条数和层数增加，可达到控高、促壮、增根防倒效果。一般在玉米 5~6 片叶时，喷洒多效唑，或在玉米 7~11 片叶时喷洒玉米金得乐或矮丰素等控旺产品。化控剂的施用在施用时期、施用方法和施用量上有严格的要求，使用时要按产品说明书的要求严格掌握，否则很容易引起药害，导致减产。

2.倒伏后的补救措施

对已经倒伏的玉米，可以根据倒伏时期，采取以下措施挽救。

（1）拔节期前后的倒伏。拔节期前后的倒伏一般不需要人工扶起。拔节期前倒伏的玉米多在降雨过多而发生涝渍后，被雨水浸泡倒伏。由于此时植株恢复能力很强，只要排除田间积水即可。拔节期后倒伏，植株也能自然恢复直立，不影响将来正常授粉结实，可让其自行恢复。

（2）抽雄授粉前后的倒伏。抽雄授粉前后倒伏的玉米植株高大，倒后株间相互叠压，自然恢复困难，不仅会影响到光合作用，还会影响正常的生长发育和吐丝与授粉结实，需要人工扶起。扶起时要早、慢、轻，并结合培土固定。倒伏发生后，应在 1~2 天内突击扶起来。一旦植株弯曲向上生长就不能再扶，并及时追肥使玉米尽快恢复生长。

（3）灌浆期后的倒伏。灌浆期后倒伏的玉米，植株常相互挤压，很难自然恢复直立生长。发生根倒的地块，雨后可用竹竿轻轻挑动植株，抖落植株上的雨水，使其缓慢恢复直立生长。发生茎倒的地块应视茎折程度分别对待，严重者将玉米植株割除作为青饲料。茎倒率低的田块，应将折断茎秆的植株尽早割除，保留其他未茎折的植株继续在田间生长。

第六章

安徽省玉米主推品种

据安徽省农业技术推广总站统计,自 2016 年以来,安徽省玉米种植面积稳定在 1800 万亩左右,其中鲜食玉米约占 5%,青贮玉米约占 4%。安徽省玉米主要是夏播种植,约占玉米播种面积的 95%,以普通夏玉米为主,占玉米播种面积 90% 以上。普通玉米的主产区在皖北地区,鲜食玉米以沿江江南地区为主。

安徽省推广的品种数量逐年递增,但归纳起来,普通玉米主要是郑单 958 和先玉 335。随着机械化程度的加深,早熟、脱水快和适宜机收的玉米品种推广面积呈逐步扩大趋势,如中科玉 505、裕丰 303、汉单 777、秋乐 368、全玉 1233 等。近两年,随着锈病的大规模和常态化发生,一些抗病性强、保绿度好的品种推广面积发展较快,如联创 808、登海 605、迪卡 653、鲁单 9088、蠡玉 16、沃玉 3 号、庐玉 9015 等,而一些老品种,如郑单 958 和隆平 206,下滑趋势较为明显,但仍然有一定的推广面积,究其原因主要是一些农户保留原有的种植习惯,认为老品种的种植风险相对较小。安徽省的气候相对适宜鲜食玉米的生长发育,自 2015 年农业供给侧结构性调整以来,安徽省鲜食玉米种植面积快速增长,省内自育品种从无到有,种植面积节节攀升,以春播为主,夏秋种植为辅,主要分布在淮河以南的合肥、芜湖、安庆、池州、黄山等地。目前安徽省种植的鲜食玉米主要分为甜玉米、糯玉米和甜加糯型,甜玉米品种有先甜 5 号、金中玉、夏王、粤甜 16 号、粤甜 27 号、广甜 5 号等,糯玉米品种有彩甜糯 6 号、万糯 2000、苏玉糯 2 号、苏玉糯 5 号、凤糯 2146、京科糯 2000、孟玉 301、珍珠糯 8 号等。随着安徽省多个奶牛产业带的建立和发展,尤其是现代牧业在五河建立了亚洲单体规模最大的奶牛场,安徽省奶牛养殖数量不断扩大,规模化养殖程度进一步提高,青贮玉米已经展现出了较好的发展势头,青贮玉米的种植面积逐年扩大,主要在皖北的蚌埠、宿州、阜阳、亳州、淮南、淮北等地的奶牛、肉牛和肉羊养殖场周边连片种植和农户零星种植,以及皖南的宣城、安庆等地山区。全省做青贮使用的玉米品种多达 60 个,但其中青贮专用品种仅占 15%左右。目前, 安徽省青贮专用型品种占一定种植面积的有雅玉青贮 8 号、豫青贮 23 号、郑青贮 1 号、渝青 386 号、皖农科青贮 6 号等。

第一节　普通玉米主推品种

1.中科玉505

中科玉 505 是北京联创种业有限公司、河南隆平联创农业科技有限公司选育。

(1)特征特性。在黄淮海夏播青贮玉米组出苗至收获期 93.1 天,比对照雅玉青贮 8 号早熟 2.8 天。幼苗叶鞘呈紫色,叶片呈绿色,叶缘呈绿色,花药呈紫色,花丝呈浅紫色,颖壳呈绿色。株型半紧凑,株高 286 厘米,穗位高 113 厘米,成株叶片数 20 片。果穗为筒形,穗长 17.7 厘米,穗行数 14~16 行,穗粗 4.9 厘米,穗轴呈红色,籽粒呈黄色、半马齿,百粒重 33.7 克。接种鉴定,中抗玉米茎腐病、小斑病、弯孢叶斑病、南方锈病,高感瘤黑粉病。全株粗蛋白含量 8.25%,淀粉含量 27.6%,中性洗涤纤维含量 41.2%,酸性洗涤纤维含量 21.6%。

(2)适种区域。该品种适宜在中国黄淮海夏玉米区的河南、山东、河北保定和沧州的南部及以南地区、陕西关中灌区、山西运城和临汾、晋城部

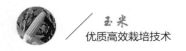
分平川地区、江苏和安徽两省淮河以北地区、湖北襄阳等地种植。

2.裕丰303

裕丰303是北京联创种业有限公司、河南隆平联创农业科技有限公司选育,审定编号为皖审玉2017003。

(1)特征特性。在黄淮海夏播青贮玉米组出苗至收获期93.1天,比对照雅玉青贮8号早熟2.8天。幼苗叶鞘呈紫色,叶片呈绿色,叶缘呈绿色,花药呈浅紫色,花丝呈浅紫色,颖壳呈绿色。株型半紧凑,株高284厘米,穗位高108厘米,成株叶片数20片。果穗为筒形,穗长17.6厘米,穗行数14~16行,穗粗4.9厘米,穗轴呈红色,籽粒呈黄色、半马齿,百粒重33.9克。接种鉴定,中抗茎腐病、小斑病、弯孢叶斑病、南方锈病,高感瘤黑粉病。全株粗蛋白含量8.85%,淀粉含量28.8%,中性洗涤纤维含量40.1%,酸性洗涤纤维含量20.45%。

(2)适种区域。该品种适宜在江苏和安徽两省淮河以北地区种植。

3.秋乐368

秋乐368是河南秋乐种业科技股份有限公司选育,审定编号为国审玉20176035。

(1)特征特性。在黄淮海夏播玉米区出苗至成熟103天,与对照品种郑单958相当,株高299厘米,穗位高109厘米。幼苗叶鞘呈紫色,花丝呈紫色,花药呈浅紫色,株型半紧凑,果穗为筒形,穗长17.5厘米,穗粗5厘米,穗行数16行左右,百粒重35.7克。接种鉴定,中抗茎腐病、感小斑病、弯孢叶斑病和穗腐病,高感瘤黑粉病和粗缩病。容重783克/升,粗蛋白含量10.14%,粗脂肪含量3.41%,粗淀粉含量73.51%。2015—2016年中玉科企绿色通道黄淮海夏玉米组区域试验,两年平均亩产749.8千克,比对照增产15.85%。2016年中玉科企绿色通道生产试验,平均亩产674千克,比对照增产9.88%。

（2）适种区域。该品种适宜在安徽和江苏两省淮河以北地区等黄淮海夏播玉米区种植。注意防治玉米瘤黑粉病、粗缩病、小斑病、弯孢叶斑病、丝黑穗病。

4.汉单777

汉单777是湖北省种子集团有限公司选育，属中熟夏播杂交玉米。审定编号为皖玉2014005。

（1）特征特性。幼苗叶鞘呈紫色，成株叶片较宽，株型半紧凑，上部叶片上冲。雄穗分枝7~10个，花丝呈浅紫色，花药呈浅紫色。果穗为筒形，穗轴呈红色，籽粒为半马齿形，呈纯黄色。2011年、2012年两年低密度组区域试验结果显示，平均株高265厘米、穗位106厘米、穗长16.7厘米、穗粗5.1厘米、秃顶0.3厘米、穗行数17.7行、行粒数37粒、出籽率87.7%、千粒重292克。抗高温热害2级（相对空秆率平均1.75%）。全生育期104天左右，比对照品种弘大8号晚熟3天。经安徽农业大学植物保护学院接种鉴定，2011年中抗小斑病（病级5级），高抗南方锈病（病级1级），感纹枯病（病指67），中抗茎腐病（发病率20%）；2012年感小斑病（病级7级），中抗南方锈病（病级5级），中抗纹枯病（病指50），感茎腐病（发病率35%）。2013年经农业部谷物品质监督检验测试中心（北京）检验，粗蛋白（干基）10.45%，粗脂肪（干基）3.69%，粗淀粉（干基）70.53%。

（2）产量表现。在一般栽培条件下，2011年区域试验亩产544.6千克，较对照品种增产10.57%（极显著）。2012年区域试验亩产639.7千克，较对照品种增产11.4%（极显著）。2013年生产试验亩产478.7千克，较对照品种增产6.1%。

（3）适种区域。该品种适宜在安徽江淮丘陵区和淮河以北地区种植。

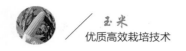

5.全玉1233

全玉 1233 是安徽荃银高科种业股份有限公司选育,审定编号为皖玉2016001。

(1)特征特性。该品种株型紧凑,幼苗叶鞘呈紫色,株高 265~298 厘米,穗位 95~116 厘米。平均生育期 99~108 天。果穗为筒形,穗轴呈红色,穗长 18.5 厘米,穗行数 16~18 行。籽粒呈黄色,马齿形,千粒重 354 克,出籽率为 86.4%~90%。

(2)抗性表现。经河北省农林科学院植物保护研究所鉴定,2014 年,高抗矮花叶病,中抗茎腐病,抗小斑病,感大斑病;2015 年,高抗弯孢叶斑病,中抗小斑病、茎腐病、粗缩病,抗穗腐病。经安徽农业大学植物保护学院接种鉴定,2012 年感小斑病,中抗南方锈病,中抗茎腐病;2013 年抗小斑病,抗南方锈病;2014 年抗茎腐病。

(3)产量表现。安徽省 2012 年区域试验亩产 633.8 千克,较对照品种增产 10.82%。2013 年区域试验亩产 537.5 千克,较对照品种增产 14.66%。2014 年生产试验亩产 570.02 千克,较对照品种增产 8.22%。

(4)适种区域。适宜在安徽全省作为夏玉米品种种植利用。

6.联创808

联创 808 是北京联创种业股份有限公司选育, 审定编号为国审玉2015015。

(1)特征特性。在黄淮海夏玉米区出苗至成熟 102 天,比郑单 958 早熟 1 天。幼苗叶鞘呈紫色,叶片呈绿色,叶缘呈绿色,花药呈浅紫色,颖壳呈绿色。株型半紧凑,株高 285 厘米,穗位高 102 厘米,成株叶片数 19~20 片。花丝呈浅绿色,果穗为筒形,穗长 18.3 厘米,穗行数 14~16 行,穗轴呈红色,籽粒呈黄色、半马齿形,百粒重 32.9 克。经接种鉴定,中抗大斑病,感小斑病、粗缩病和茎腐病,高感弯孢叶斑病、瘤黑粉病和粗缩病。籽粒容重 765 克/升，粗蛋白含量 9.65%，粗脂肪含量 3.06%，粗淀粉含量 74.46%，赖氨酸含量 0.29%。2013—2014 年参加黄淮海夏玉米品种区域试验，两年平均亩产 695.8 千克，比对照增产 5.6%；2014 年生产试验，平均亩产 687 千克，比对照郑单 958 增产 7.8%。中等肥力以上地块栽培，5 月下旬至 6 月中旬播种，亩种植密度 4000 株左右。该品种除具有脱水快、产量高、出籽率高、易脱粒、抗倒抗病等优点外，还具有适应性广、密度弹性大，适宜田间成熟期机械籽粒收获的特性。

（2）适种区域。该品种适宜在北京、天津、河北保定及以南地区、山西南部、河南、山东、江苏淮北、安徽淮北、陕西关中灌区夏播种植。

7.登海605

登海 605（超试 6 号）是山东登海种业股份有限公司选育，审定编号为国审玉 20100009。

（1）特征特性。在黄淮海地区出苗至成熟 101 天，比郑单 958 晚 1 天，需有效积温 2550℃左右。幼苗叶鞘呈紫色，叶片呈绿色，叶缘呈绿带紫色，花药呈黄绿色，颖壳呈浅紫色。株型紧凑，株高 259 厘米，穗位高 99 厘米，成株叶片数 19~20 片。花丝呈浅紫色，果穗为长筒形，穗长 18 厘米，穗行数 16~18 行，穗轴呈红色，籽粒呈黄色、马齿形，百粒重 34.4 克。经河北省农林科学院植物保护研究所接种鉴定，高抗茎腐病，中抗玉米螟，感大斑病、小斑病、矮花叶病和弯孢菌叶斑病，高感瘤黑粉病、褐斑病和南方锈病。2010 年经农业部谷物品质监督检验测试中心（北京）测定，籽粒容重 766 克/升，粗蛋白含量 9.35%，粗脂肪含量 3.76%，粗淀粉含量 73.4%，赖氨酸含量 0.31%。

（2）适种区域。该品种适宜在山东、河南、河北中南部、安徽北部等地种植。

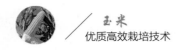

8.德单5号

德单 5 号是北京德农种业有限公司选育,审定编号为皖玉 2013006。

(1)特征特性。幼苗叶鞘呈紫色,第一叶尖端圆到匙形,第四叶叶缘呈紫色。雄穗分枝数中等,雄穗颖片呈浅紫色,花药呈黄色,花丝呈绿色;果穗为筒形,穗长 14.5~15 厘米,穗粗 4.9~5 厘米,穗行数 14.9~15.1 行,行粒数 33.5~34.7 粒;黄粒,白轴,半马齿形,千粒重 294.7~311.6 克,出籽率 89.5%~90%。2009 年农业部农产品质量监督检验测试中心(郑州)对该品种多点套袋果穗的籽粒混合样品品质分析,粗蛋白 10.18%,粗脂肪 4.26%,粗淀粉72.18%,赖氨酸 0.336%,容重 742 克/升。籽粒品质达到普通玉米国标 1 级;淀粉发酵工业用玉米国标 2 级;饲料用玉米国标 1 级;高淀粉用玉米部标 3 级。2010 年经河北省农林科学院植物保护研究所接种鉴定,中抗小斑病(病级 5 级),中抗南方锈病(病级 5 级),高感纹枯病(病指 70.6),中抗茎腐病(发病率 29.7%)。经安徽农业大学植物保护学院接种鉴定,2011 年中抗小斑病(病级 5 级),高抗南方锈病(病级 1 级),感纹枯病(病指 62),中抗茎腐病(发病率 20%)。

(2)产量表现。在一般栽培条件下,2010 年区域试验亩产 563.3 千克,较对照品种增产 6.18%(极显著),2011 年区域试验亩产 518 千克,较对照品种增产 6.4%(极显著)。2012 年生产试验亩产 586 千克,较对照品种增产 4.74%。

(3)适种区域。该品种适宜在安徽淮河以北地区种植。

9.郑单958

郑单 958 是河南省农业科学院粮食作物研究所选育,审定编号为国审玉 20000009。

(1)特征特性。郑单 958 幼苗长势一般,成株后株型紧凑,叶片上冲,叶尖稍下披,芽鞘呈紫色,叶色呈深绿色,株高 240~250 厘米,穗位高 100~

110厘米,整齐度好,株高穗位适中,茎秆健壮,根系发达。雄穗分枝11个左右,花药呈黄色,花丝呈粉红色。果穗呈筒形,轴白色,果穗长18~20厘米,穗粗5厘米左右,穗行数14~16行,行粒数36粒左右。粒呈黄色,半马齿形,千粒重300~350克,出籽率90%左右。1997—1999年经河南省农业科学院植物保护研究所、河北省农林科学院植物保护研究所抗病(虫)性鉴定,高抗玉米大斑病、小斑病、玉米黑粉病、玉米粗缩病和玉米青枯病,抗玉米螟。1999年经农业部谷物品质监督检验测试中心(北京)测定,粗蛋白、粗脂肪、粗淀粉和赖氨酸含量分别为8.47%、3.92%、73.42%和0.37%,达到国家优质玉米标准,其中粗淀粉含量达到工业用淀粉玉米二级标准。1999年,郑单958在武陟县西滑封村河南省夏玉米高产攻关中,创造了单产13909.8千克/公顷的河南省夏玉米高产纪录。

(2)适种区域。该品种在河北、山东、河南、安徽、江苏、山西、北京夏玉米区和东北、西北等地区适宜种植。

10.迪卡653

迪卡653是中种国际种子有限公司选育,审定编号为皖玉2014007。

(1)特征特性。夏播生育期98~105天。叶色呈深绿色,叶鞘呈绿色,第一叶尖端圆到匙形。全株叶片18~20片,株型半紧凑,株高270~281.2厘米,穗位高118~123厘米,田间倒折率0.1%~5.2%。雄穗颖片呈绿色,雄穗分枝数11~15个,花药呈绿色,花丝呈浅紫色。果穗为筒形,穗长16.3~17.2厘米,秃尖长0.4厘米,穗粗4.6~4.7厘米,穗行数12~16行,行粒数36.4~38.8粒。穗轴呈白色,籽粒呈黄色,半马齿形,千粒重348.7~353.3克,出籽率89.2%~91.1%。2012年河南农业大学植物保护学院接种鉴定,抗大斑病,中抗小斑病、矮花叶病、茎腐病,高抗弯孢菌叶斑病,感瘤黑粉病、玉米螟。2013年接种鉴定,中抗大斑病,抗弯孢菌叶斑病、茎腐病、小斑病,感玉米螟、瘤黑粉病,高感矮花叶病。2014年,经农业部农产品质量监督

检验测试中心(郑州)检测,蛋白质含量 11.69%、粗淀粉含量 72.22%、粗脂肪含量 4.05%、赖氨酸含量 0.31%,容重 736 克/升。2014 年河南省玉米品种生产试验(4500 株/亩两组),13 点汇总,13 点增产,增产点率 100%,平均亩产 670.3 千克,比对照郑单 958 增产 9%。

(2)适种区域。该品种适宜河南各地,安徽淮河以北地区推广种植。

11.沃玉3号

沃玉 3 号玉米是河北沃土种业有限公司选育,审定编号为皖审玉 2020014。

(1)特征特性。幼苗叶鞘呈紫色,叶片呈深绿色,叶缘呈紫色,花药呈紫色,颖壳呈浅紫色。株型紧凑,株高 277 厘米,穗位高 100 厘米,成株叶片数 20 片。果穗长筒形,穗长 18.1 厘米,穗行数 16~20 行,穗粗 5.4 厘米,穗轴呈红色,籽粒呈黄色、马齿形,百粒重 37.2 克。接种鉴定,感大斑病、穗腐病、小斑病、纹枯病,高感灰斑病,中抗茎腐病,抗南方锈病。籽粒容重 730 克/升,粗蛋白含量 11.07%,粗脂肪含量 4.32%,粗淀粉含量 72.57%,赖氨酸含量 0.28%。

(2)产量表现。2019—2020 年参加西南春玉米(中低海拔)组联合体区域试验,两年平均亩产 564 千克,比对照中玉 335 增产 3.6%。2020 年生产试验,平均亩产 550.4 千克,比对照中玉 335 增产 7.8%。

2012 年参加山西省苗头品种生产试验,沃玉 3 号 8 个点次 8 点增产,平均产量为 13470 千克/公顷,比对照品种大丰 26 增产 14.7%。2011—2012 沃玉 3 号连续两年参加山西省中晚熟区域试验,两年共 18 个点次,平均产量为 12878.25 千克/公顷。2010 年沃玉 3 号参加山西省预备试验平均,产量为 10480.5 千克/公顷,比对照大丰 26 增产 6.5%。

(3)适种区域。该品种适宜在安徽淮河以北地区种植。

12.庐玉9105

庐玉9105是安徽华安种业有限责任公司选育的中熟夏播杂交玉米品种,审定编号为皖玉2016011。

(1)特征特性。第一叶尖端形状为圆到匙状,幼苗叶鞘呈淡紫色,株型半紧凑,总叶片数20片,上位叶中等,叶色呈淡绿色。雄穗分枝中等,花药呈橘黄色,花丝呈淡紫色,果穗为筒形,籽粒呈黄色、半马齿形,穗轴呈白色。2012年、2013年两年高密度组区域试验结果:平均株高240.5厘米,穗位92厘米,穗长15.6厘米,穗粗4.9厘米,秃顶0.4厘米,穗行数15.5行,行粒数30.7粒,出籽率89.1%,千粒重352克。抗高温热害1级。全生育期102天左右,与对照品种(郑单958)相当。经安徽农业大学植物保护学院接种鉴定,2012年感小斑病(病级7级),中抗南方锈病(病级5级),中抗纹枯病(病指49),抗茎腐病(发病率10%);2013年抗小斑病(病级3级),抗南方锈病(病级3级),感纹枯病(病指60),中抗茎腐病(发病率30%)。2014年经农业部谷物品质监督检验测试中心(北京)检验,粗蛋白(干基)8.66%,粗脂肪(干基)3.13%,粗淀粉(干基)76.08%。

(2)产量表现。在一般栽培条件下,2012年区域试验亩产635.8千克,较对照品种增产4.66%(极显著);2013年区域试验亩产575.2千克,较对照品种增产11.71%(极显著)。2014年生产试验亩产610.1千克,较对照品种增产7.28%。

(3)适种区域。该品种在安徽淮河以北地区适宜种植。

▶ 第二节 鲜食玉米主推品种

1.京科糯2000

京科糯2000是北京市农林科学院玉米研究中心选育,审定编号为国

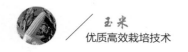
审玉 2006063。

(1)特征特性。春播鲜穗采收期 89 天,夏播 80 天,幼苗呈浓绿色,叶鞘呈紫色,叶缘呈绿色,花药呈绿色,颖壳呈粉红色。株型半紧凑,叶片有褶皱,成株叶片数 21 片。花丝呈粉红色,株高 260 厘米,穗位高 100 厘米,株型紧凑,叶色浓绿,穗长 19.1 厘米,穗粗 5 厘米,穗行数 12~14 行,行粒数 38 粒,白粒白轴,鲜百粒重 37.3 克,出籽率 67.5%,果穗呈锥形,穗长 21.9 厘米,秃尖 1.2 厘米,穗行数 14 行,穗轴呈白色,单穗鲜重 450 克。籽粒呈白色、半马齿形,百粒重 37.1 克(鲜籽粒)。人工接种抗病(虫)害鉴定,高抗茎腐病、丝黑穗病和玉米螟,抗大斑病。籽粒粗淀粉(干基)含量 61.41%。

(2)产量表现。2008 年参试,鲜果穗平均亩产 948.4 千克,比对照苏玉糯 5 号增产 16.6%,增产极显著。2009 年续试,鲜果穗平均亩产 964.5 千克,比对照苏玉糯 5 号增产 27.15%,增产极显著。两年区试试验,平均鲜果穗亩产 956.5 千克,比对照苏玉糯 5 号增产 21.88%。2009 年全省生产试验平均鲜穗亩产 1049.1 千克,比对照苏玉糯 5 号增产 26%。

(3)品质表现。省区试品质综合评分 86.7 分,支链淀粉占总淀粉含量的 98.15%。

(4)适种区域。安徽和江苏两省全省均可种植。

2.万糯2000

万糯 2000 是河北省万全县华穗特用玉米种业有限责任公司选育,审定编号为国审玉 2016008。

(1)特征特性。春播出苗至鲜穗采收期 81 天,比苏玉糯 5 号晚 1 天。幼苗叶鞘呈浅紫色,叶片呈深绿色,叶缘呈白色,花药呈浅紫色,颖壳呈绿色。株型半紧凑,株高 202.8 厘米,穗位高 77.2 厘米,成株叶片数 20 片。花丝呈绿色,果穗为长筒形,穗长 18.8 厘米,穗行数 14~16 行,穗轴呈白色,籽粒呈白色、硬粒型,百粒重(鲜籽粒)37.9 克,平均倒伏(折)率 4.5%。接种鉴定,中抗腐霉茎腐病和纹枯病,感小斑病。

(2)产量表现。2014—2015 年参加东南鲜食糯玉米品种区域试验,两年平均亩产鲜穗 894.3 千克,比苏玉糯 5 号增产 25.1%。2014—2015 年参加西南鲜食糯玉米品种区域试验,两年平均亩产鲜穗 848.6 千克,比渝糯 7 号增产 4.2%。

(3)品质表现。品尝鉴定 86.7 分。品质检测,支链淀粉占总淀粉含量的 97.3%,皮渣率 9.3%。

(4)适种区域。该品种适宜在江苏中南部、安徽中南部、上海、浙江、江西、福建、广东、广西、海南、重庆、贵州、湖南、湖北、四川、云南等地作鲜食糯玉米品种春播种植。

3.苏玉糯5号

苏玉糯 5 号是江苏沿江地区农业科学研究所选育,审定编号为国审玉 2003067。

(1)特征特性。全生育期抗倒性强,抗大、小斑病,纹枯病,成熟期易感青枯病。

(2)产量表现。1991 年、1992 年连续两年分别参加省春、夏播组区域试验,其中春播组,平均亩产分别为 404.4 千克和 575 千克,比对照苏玉 3 号分别增产 222.8%和 16.7%,达极显著水平。夏播组,平均亩产分别为 577.3 千克和 489.4 千克,分别比对照掖单 4 号增产 3.5%和 0.4%,产量水平与掖单 4 号相当。1992 年参加春播组生产试验,平均亩产 574.8 千克,比对照增产 25.4%。

(3)适种区域。东南鲜食玉米区均可种植。

4.苏玉糯602

苏玉糯 602 是江苏沿江地区农业科学研究所选育,审定编号为国审

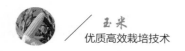

玉 20210133。

（1）特征特性。南方（东南）鲜食糯玉米组出苗至鲜穗采收期 79.5 天，比对照苏玉糯 5 号晚熟 0.5 天。幼苗叶鞘呈紫色，叶片呈绿色，叶缘呈紫色，花药呈黄色，颖壳呈浅紫色。株型半紧凑，株高 227 厘米，穗位高 95 厘米，成株叶片数 19 片。果穗为长筒形，穗长 18.9 厘米，穗行数 12~16 行，穗粗 4.8 厘米，穗轴呈白色，籽粒呈白色、硬粒，百粒重 36.6 克。接种鉴定，中抗小斑病，感瘤黑粉病、纹枯病，高感南方锈病。南方（西南）鲜食糯玉米组出苗至鲜穗采收期 89 天，比对照渝糯 7 号晚熟 1.5 天。幼苗叶鞘呈紫色，叶片呈绿色，叶缘呈紫色，花药呈黄色，颖壳呈浅紫色。株型半紧凑，株高 228 厘米，穗位高 99 厘米，成株叶片数 19 片。果穗为长筒形，穗长 18.3 厘米，穗行数 12~16 行，穗粗 4.9 厘米，穗轴呈白色，籽粒呈白色、硬粒，百粒重 38.4 克。经接种鉴定，感丝黑穗病、小斑病、纹枯病。

（2）产量表现。2019—2020 年参加南方（东南）鲜食糯玉米组国家统一区域试验，两年平均亩产 968.3 千克，比对照苏玉糯 5 号增产 14.5%。2019—2020 年参加南方（西南）鲜食糯玉米组区域试验，两年平均亩产 853.6 千克，比对照渝糯 7 号减产 1.8%。

（3）品质表现。皮渣率 12.4%，品尝鉴定 84.9 分，支链淀粉占总淀粉含量的 96.5%。

（4）适种区域。适宜在安徽和江苏两省淮河以南地区、上海、浙江、江西、福建、广东、广西、海南等国家东南鲜食玉米区种植，或在重庆、四川、湖南、湖北、云南、贵州等国家西南鲜食糯玉米区种植。

5.彩甜糯6号

彩甜糯 6 号是荆州区恒丰种业发展中心选育，审定编号为国审玉 20170044。

（1）特征特性。南方地区出苗至鲜穗采收 80~84 天，株型半紧凑，幼苗叶缘呈绿色,叶尖呈紫色,成株叶片数 19 片左右。雄穗分枝数 13 个左右。苞叶适中,果穗为锥形,穗轴呈白色,籽粒紫白相间,属甜糯类型。株高 210 厘米,穗位高 80 厘米,穗长 19 厘米,穗粗 4.9 厘米,秃尖 2.2 厘米,穗行数 14 行,行粒数 33 粒,鲜籽粒百粒重 37 克,出籽率 63%。2015—2016 年东南抗性接种鉴定,感小斑病,感纹枯病,中抗茎腐病;西南抗性接种鉴定,感小斑病,中抗纹枯病。

(2)产量表现。2015—2016 年东南两年区试平均亩产鲜穗 867.8 千克,比对照增产 19.7%,西南两年区试平均亩产鲜穗 846.6 千克,比对照增产 1.6%。

(3)品质表现。2015—2016 年东南品质检测,皮渣率 11.0%,支链淀粉占总淀粉含量的 97.4%。

(4)适种区域。适宜在我国江苏中南部、安徽中南部、上海、浙江、江西、福建、广东、广西、海南、重庆、贵州、湖南、湖北、四川、云南作鲜食玉米品种种植。

6.天贵糯932

天贵糯 932 是南宁市桂福园农业有限公司选育,审定编号为国审玉 20180165。

(1)特征特性。南方(东南)鲜食糯玉米出苗至鲜穗采收期 79.5 天,比对照苏玉糯 5 号早熟 0.5 天。幼苗叶鞘呈紫色,叶片呈深绿色,叶缘呈绿色,花药呈黄色,颖壳呈浅紫色。株型平展,株高 227.2 厘米,穗位高 88.95 厘米,成株叶片数 19 片。果穗为长筒形,穗长 19.35 厘米,穗行数 14~18 行,穗粗 5 厘米,穗轴呈白色,籽粒呈花色、硬,百粒重 34.4 克。田间自然发病,感小斑病,中抗纹枯病,感南方锈病。经接种鉴定,中抗小斑病,感纹枯病,倒伏倒折率之和小于 15.0%。

(2)产量表现。2016—2017 年参加南方(东南)鲜食糯玉米品种试验,两年平均亩产 932.6 千克,比对照苏玉糯 5 号增产 27.3%。

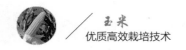

（3）品质表现。品质分析，皮渣率9.4%，支链淀粉占总淀粉含量的97.5%。品尝鉴定87.1分。

（4）适种区域。适宜在安徽和江苏两省淮河以南地区、上海、浙江、江西、福建、广东、广西、海南作鲜食糯玉米种植。瘤黑粉、丝黑穗等相关病害较重地区慎用。

7.珍珠糯8号

珍珠糯8号是安徽省农业科学院烟草研究所选育的紫黑糯鲜食玉米品种，审定编号为皖审玉20202001。

（1）特征特性。根据2016年、2017年两年鲜食玉米品种试验结果，该品种出苗至采收81天，生育期与对照（凤糯2146）相当。株高244厘米，穗位92.8厘米，穗长17.5厘米，穗粗4.7厘米，秃尖长1.1厘米，穗行数18行，行粒数37.2粒，籽粒呈紫色，轴呈紫色。

（2）产量表现。2016年鲜果穗平均亩产773千克，比对照增产3.1%。10个试点9个试点增产，1个试点减产，增产点数达90%；2017年鲜果穗平均亩产856.6千克，比对照增产4.5%，10个试点9个试点增产，1个试点减产，增产点数达90%。

（3）品质表现。经扬州大学农学院品质检测，2016年皮渣率为13.9%、支链淀粉占总淀粉含量的97.3%；2017年皮渣率为13.0%、支链淀粉占总淀粉含量的98.7%。专家品质品尝综合评分两年分别为87.7分和86.5分。

（4）适种区域。适宜在安徽作春播鲜食玉米推广种植。

▶ 第三节　青贮玉米主推品种

1.雅玉青贮8号

雅玉青贮 8 号是四川雅玉科技开发有限公司选育,审定编号为国审玉 2005034。

(1)特征特性。在南方地区出苗至青贮收获 88 天左右,属青贮玉米品种。幼苗呈绿色,叶鞘呈紫色,花药呈浅紫色,颖壳呈浅紫色。株型平展,株高 300 厘米,穗位高 135 厘米,成株叶片数 20~21 片。花丝呈绿色,果穗为筒形,穗轴呈白色,籽粒呈黄色、硬粒型。经人工接种抗病(虫)害鉴定,高抗矮花叶病,抗大斑病、小斑病和丝黑穗病,中抗纹枯病。

(2)产量表现。2002—2003 年参加青贮玉米品种区域试验,2002 年平均公顷生物产量(鲜重)69288.2 千克,比对照品种增产 18.5%;2003 年平均公顷生物产量(干重)2048.3 千克,比对照品种增产 9.0%。

(3)品质表现。经北京农学院测定,全株中性洗涤纤维含量 45.07%,酸性洗涤纤维含量 22.54%,粗蛋白含量 8.79%。

(4)适种区域。适宜在北京、天津、山西北部、吉林、上海、福建中北部、广东中部春播区和山东泰安、安徽、陕西关中、江苏北部夏播区作专用青贮玉米种植。

2.豫青贮23

豫青贮23是河南省大京九种业有限公司选育,审定编号为国审玉2008022。

(1)特征特性。幼苗呈浓绿色,叶鞘呈紫色,叶缘呈紫色,花药呈黄色,颖壳呈紫色。株型半紧凑,株高 330 厘米,成株叶片数 18~19 片。经人工接种抗病(虫)害鉴定,高抗矮花叶病,中抗大斑病和纹枯病,感丝黑穗病,高感小斑病。

（2）产量表现。2006—2007 年参加青贮玉米品种区域试验，在东华北区平均公顷生物产量（干重）21015 千克，比对照品种增产 9.4%。

（3）品质表现。经北京农学院测定，全株中性洗涤纤维含量 46.72%~48.08%，酸性洗涤纤维含量 19.63%~22.37%，粗蛋白含量 9.30%。

（4）适种区域。河南、山东全省，安徽、江苏淮河以北地区均可种植。

3.郑青贮1号

郑青贮 1 号是河南省农业科学院粮食作物研究所育成，审定编号为国审玉 2006055。

（1）特征特性。出苗至青贮收获期比对照农大 108 晚 4.5 天。幼苗叶鞘呈紫红色，叶片呈绿色，叶缘呈绿色，花药呈浅紫红色，颖壳呈绿色。株型半紧凑，株高 267 厘米，穗位高 118 厘米，成株叶片数 19 片。花丝呈粉红色，果穗为筒形，穗长 18.5 厘米，穗行数 16 行，穗轴呈红色，籽粒呈黄色、半马齿形。区域试验中平均倒伏（折）率 8.4%。经中国农业科学院作物科学研究所两年接种鉴定，抗大斑病和小斑病，中抗丝黑穗病、矮花叶病和纹枯病。

（2）产量表现。2004—2005 年参加青贮玉米品种区域试验，44 点次增产，12 点次减产，两年区域试验平均亩生物产量（干重）1284.4 千克，比对照农大 108 增产 9.6%。

（3）品质表现。经北京农学院测定，全株中性洗涤纤维含量平均44.82%，酸性洗涤纤维含量平均 22%，粗蛋白含量平均 7.65%。

（4）适种区域。适宜在山西北部、新疆北部春玉米区和河南中部、安徽北部、江苏中北部夏玉米区作专用青贮玉米品种种植，注意防止倒伏。

4.渝青506

渝青 506 是重庆市农业科学院、郑州科大种子有限责任公司联合选育，审定编号为国审玉 20190041，国审玉 20200564。

（1）特征特性。在黄淮海夏播青贮玉米组出苗至收获期 101.5 天,比对照雅玉青贮 8 号晚熟 1.5 天。幼苗叶鞘呈紫色,叶片呈深绿色,株型半紧凑,株高 325 厘米,穗位高 146 厘米,籽粒黄色。2015 年经接种鉴定,抗大、小斑病,中抗弯孢叶斑病和腐霉茎腐病,感纹枯病;2016 年经接种鉴定,高抗茎腐病,中抗小斑病和弯孢叶斑病。

（2）产量表现。2015—2016 年参加黄淮海夏播青贮玉米组区域试验,两年平均亩产（干重）1419 千克,比对照雅玉青贮 8 号增产 14.35%。2017年生产试验,平均亩产（干重）1254 千克,比对照雅玉青贮 8 号增产 13.3%。

（3）品质表现。2015 年品质分析,全株粗蛋白含量 9.09%,中性洗涤纤维含量 42.06%,酸性洗涤纤维含量 19.72%;2016 年品质分析,全株粗蛋白含量 9.19%,淀粉含量 30.66%,中性洗涤纤维含量 40.47%,酸性洗涤纤维含量 20.65%。

（4）适种区域。适宜在河南、山东、河北保定和沧州的南部及以南地区、陕西关中灌区、山西运城和临汾、晋城部分平川地区、江苏和安徽两省淮河以北地区、湖北襄阳等黄淮海夏玉米区种植。

5.皖农科青贮6号

皖农科青贮 6 号是安徽省农业科学院烟草研究所选育的青贮玉米专用品种,是安徽省首个国审青贮玉米品种。

（1）特征特性。在黄淮海夏播青贮玉米组生育期 97 天,比对照雅玉青贮 8 号早熟 1 天。幼苗叶鞘呈紫色,花丝呈绿色,花药呈浅紫色,颖壳呈绿色。株型半紧凑,株高 307 厘米,穗位高 140 厘米,持绿性好。经鉴定,高抗茎腐病,抗小斑病,感南方锈病。中抗弯孢叶斑病,高感瘤黑粉病。

（2）产量表现。参加国家玉米品种统一试验青贮玉米黄淮海夏播组青贮组。2019 年区域试验初试,平均亩产生物干重 1497 千克,比对照增产 13.2%,亩产生物鲜重（30%标准干物质含量）4989 千克;2020 年区域试验

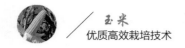

复试,平均亩产生物干重 1518 千克,比对照增产 14.7%,亩产生物鲜重
(30%标准干物质含量)5061 千克;两年区域试验平均亩产生物干重 1507
千克,比对照增产 13.9%,平均亩产生物鲜重(30%标准干物质含量)5025
千克。2020 年生产试验,平均亩产生物干重 1329 千克,平均亩产生物鲜
重(30%标准干物质含量)4431 千克,比对照增产 9.4%。

(3)品质表现。经测定,全株淀粉含量 32.25%,中性洗涤纤维含量
37.15%,粗蛋白含量 8.6%。

(4)适种区域。适宜在黄淮海夏玉米区的河南、山东、河北、陕西关中
灌区、山西运城和晋城部分平川地区、江苏和安徽两省淮河以北,湖北襄
阳等地区作青贮玉米种植。

参 考 文 献

[1] 佟屏亚.玉米的起源、传播和分布[J].农业考古,1986(1):271-280.

[2] 张新芝.玉米和玉米制品的开发及综合利用[J].河南农业,2007,(17):44.

[3] 王作江.玉米的分类方法[J].养殖技术顾问,2013,(4):217.

[4] 张振海,常治锋,朱志渊,等.玉米的一生[J].河南农业,2008,(07):41.

[5] 董伟欣,韩立杰,张月辰.种植方式对玉米生长发育、产量和籽粒品质的影响[J].甘肃农业大学学报,2020,55(06):48-57.

[6] 王俊,董召荣,张玮,等.安徽省青贮玉米产业现状及前景分析[J].农业开发与装备,2021,(12):88-90.

[7] 岳伟,陈曦,伍琼,等.气候变化对安徽省淮北地区夏玉米气象产量的影响[J].长江流域资源与环境,2021,30(02):407-418.

[8] 黎裕,王天宇.玉米转基因技术研发与应用现状及展望[J].玉米科学,2018,26(2):1-15,22.

[9] 刘婷婷,仝涛,黄昆仑.转基因玉米的研究进展和食用安全性评价[J].生物技术进展,2022,12(4):523-531.

[10] 韦正乙,张玉英,王云鹏,等.基因工程在玉米抗旱育种中的应用[J].玉米科学,2014,(4):1-7.

[11] 尹祥佳,翁建峰,谢传晓,等.玉米转基因技术研究及其应用[J].作物杂志,2010,(6):1-9.

[12] 张英,穆楠,朴红梅.转基因技术在玉米遗传育种中的应用[J].生物技术通报,2009,(1):64-68.

[13] 山东省农业科学院.中国玉米栽培学[M].上海:上海科学技术出版社,2004.

[14] 邢君,李金才.安徽玉米丰产栽培技术[M].合肥:安徽科学技术出版社,

2015.

［15］张林,武文明,陈欢,等.氮肥运筹方式对土壤无机氮变化、玉米产量和氮素
吸收利用的影响[J].中国土壤与肥料,2021(4):126-134.

［16］蒋锦雷.玉米－大豆带状复合种植高产技术研究进展[J].农业技术推广,
2022,(8):87-89.

［17］陈斌,韩海亮,侯俊峰,等.玉米细菌性茎腐病研究进展[J].中国植保导刊,
2021,41(08):25-29,65.

［18］戴法超,王晓鸣,朱振东,等.玉米弯孢菌叶斑病研究[J].植物病理学报,
1998(02):28-34.

［19］段云,陈琦,郭培,等.劳氏黏虫的发生危害和防治研究进展[J].昆虫学报,
2022,65(04):522-532.

［20］郭井菲,静大鹏,太红坤,等.草地贪夜蛾形态特征及与3种玉米田为害特
征和形态相近鳞翅目昆虫的比较[J].植物保护,2019,45(02):7-12.

［21］李敏华,董永义,郭园,等.玉米田杂草综合防控措施探究[J].内蒙古民族大
学学报(自然科学版),2021,36(01):77-83.

［22］马嵩岳,王富鑫,白树雄,等.黄淮海玉米田蓟马种群动态及其空间分布研
究[J].环境昆虫学报,2017,39(05):1063-1070.

［23］石洁,王振营.玉米病虫害防治彩色图谱[M].北京:中国农业出版社,2010.

［24］王晓鸣,巩双印,柳家友,等.玉米叶斑病药剂防控技术探索[J].作物杂志,
2015(03):150-154.

［25］王晓鸣,王振营.中国玉米病虫草害图鉴[M].北京:中国农业出版社,2018.

［26］王振营,王晓鸣.加强玉米有害生物发生规律与防控技术研究,保障玉米安
全生产[J].植物保护学报,2015,42(06):865-868.

［27］邢国珍,魏馨,李晶晶,等.玉米南方锈病和普通锈病分子检测技术研究[J].
中国农业大学学报,2017,22(03):6-11.

［28］杨普云,朱晓明,郭井菲,等.我国草地贪夜蛾的防控对策与建议[J].植物保
护,2019,45(04):1-6.